HISTORIA DE LA CIENCIA ANTIGUA 1000 AÑOS PERDIDOS

古代科学史

失落的1000年

张亚卓 译

〔西班牙〕
乔治·贝加米诺
詹尼·帕利塔
著

北京理工大学出版社
BEIJING INSTITUTE OF TECHNOLOGY PRESS

序

公元前2世纪至12世纪，西方的科技发展出现了断层。古代科学家、发明家的工作被遗忘了大约1000年，但他们的许多贡献后来又被重新记起了。这本书通过生动的插图和言简意赅的文字，全面展示了西方古代科学的成就及其对近代科学的影响，并给出了这些宝贵的文化遗产传递到今日的案例。

原书名可直译为《古代科学史：失落的1000年》（*HISTORIA DE LA CIENCIA ANTIGUA 1000 AÑOS PERDIDOS*），作者来自西班牙，那里曾是阿拉伯文明与欧洲文明的交流前沿。发源于希腊、辉煌于罗马的西方古代科技，在长达十个世纪的“失落”后，被阿拉伯人重新发掘，并通过包括伊比利亚半岛在内的文化交流走廊重新传入欧洲，引发了后来的文艺复兴乃至科学革命。

科学之火曾险些熄灭，且不止一次。历史上，科学在地中海地区出现、兴盛又衰落了。在人们以为蒙昧时代将永远持续下去时，文艺复兴、宗教改革、资本主义萌芽……又使处于熄灭状态的科学之火种再次复燃，这次它比第一次兴盛时更加旺盛，并形成燎原之势，伴随着新航路的开辟、殖民运动，加速了工业革命，传遍了全世界，成为全球化与近代化的基础。现在我们身处倡导科技自立自强的时代，有必要重温古代先贤的伟业，并将其转化为求索创新的精神动力。

书中出现的阿基米德、欧几里得、亚里士多德等名字，如今在中国已是如雷贯耳了；埃拉托色尼、希罗等我们不那么熟悉的名字，在科

技史上也是十分重要的人物，值得每一位深受科技恩泽的现代人了解。此书还把音乐、美术、戏剧等古典文艺作品中的科技原理进行了阐释，传递一种“在古代，科技也无处不在”的观念。

科技如此重要，但它并不是自然出现的文化结构。在悠久的人类历史上，在这么多文明形态中，严格意义上的“科学”（包含着理性、怀疑、求证、实验等要素）却只诞生在两千年前的希腊化地区，这一事实就耐人寻味。了解科学发展的史实，考察科学萌芽的土壤，反思“近代科学为什么没有产生在世界其他地区”之问，是这本书的现实意义。

本书的另一重意义在于使中国读者在树立文化自信的同时，避免落入妄自尊大的窠臼。有一段时间，曾有学者以考证并宣扬古代中国曾经创造过多少个科技领域的“世界第一”为己任。但在这个逆全球化与反智主义甚嚣尘上的时代，思考曾经先进的文明为何会抛弃乃至忘却科学显得更具现实意义。古希腊和古罗马拥有过先进的科学技术，其中一些成就与东方古国相比也毫不逊色。但在这一地区，科学竟然“失落”了十个世纪之久。这不由得促使我们深思，科学之芽萌发的社会文化土壤固然是根本，其扎根并能持久健康生长的生态环境同样重要。如果没有良好的科学生态，即便“祖上曾经阔过”，也难保证今后不下滑衰落。近代以来，世界科学中心在各国间的转移，与大国崛起的步调基本一致。未来崛起的大国，也必将是世界范围的科学中心。“以史为鉴，可以知兴替”，古人在社会领域总结的历史智慧，在科技领域同样有效。让我们翻开这本书，探寻科技的兴替之道。

赵洋

中国科普作家协会理事、科技史博士、研究员

目录

NO.1

古代科学，现代科学

对于古代科学，作为现代人的我们，永远无法真正意识到自己在认知上的不足。希腊化时期曾是古代科学的顶峰，但从某一历史时刻起（依据科学领域的不同，或早或晚），古代科学开始陷入危机，取得过的大部分成就消失了。漫长的岁月过后，现代一些科学家踏上了寻找那些佚失的古代科学知识之路。幸运的是，在古代科学家曾经成功探索科学知识的地方，后来者发现了很多伟大的古代科学遗迹。

古帝国文化

众所周知，最早拥有自己文字的文明是在美索不达米亚和古埃及，苏美尔人和古埃及人在技术、自然科学和数学方面都有杰出的贡献。

古埃及文士拥有很高的威望。他们用一种由芦苇茎制成的笔，蘸上由水、胶水和灰烬组成的墨水，在莎草纸上写字。

尼罗河流域

除地中海沿岸外，埃及境内其他地区雨水极少。因此，只有在尼罗河流域的沿岸地带，农业种植和人类社会的繁荣才有机会实现。尼罗河流域河水的周期性泛滥，不仅为古埃及人耕种提供了所需的灌溉来源，富含大量矿物质和腐殖质的泥沙也使土地变得更加肥沃，利于种植。

建筑

在美索不达米亚和古埃及，当时的人们建造了至今都令人赞叹的建筑，比如巴比伦神庙和金字塔。建造这些建筑需要高超的技术水平，但当时的建筑师们缺乏专业理论知识和依据，只能依靠自身的经验和观察在实践中不断尝试。如古埃及斯尼夫鲁金字塔的直角和菱形结构在建造过程中就曾进行过数次修改。

文学

最早的文学类作品大约出现在公元前3000年中期。从那时起，许多文学体裁在美索不达米亚和古埃及都得以发展：宗教赞美诗、歌颂统治者的诗歌、史诗、供学校使用的教化著作、虚构

约建于公元前575年的伊什塔尔城门是巴比伦内城的第八座城门，位于尼布甲尼撒二世统治下的巴比伦城北部。

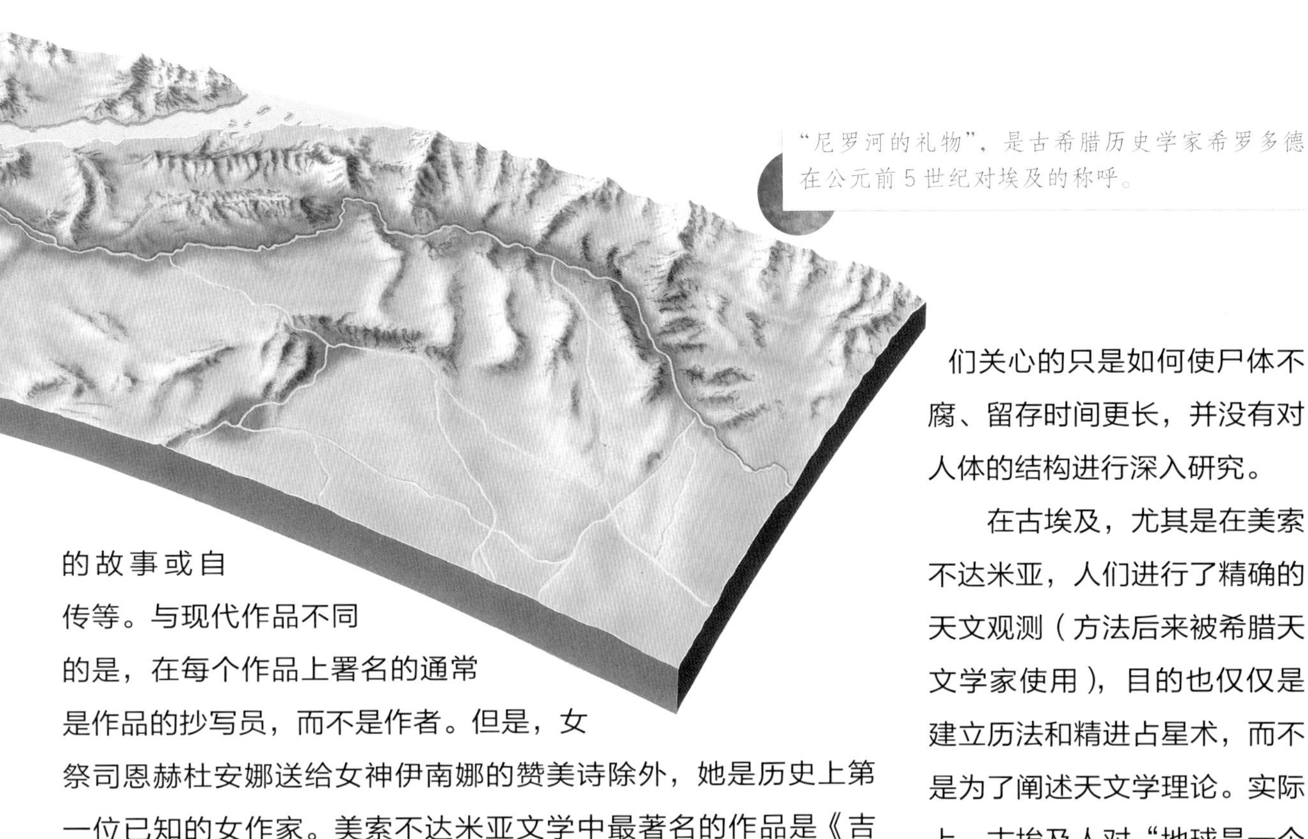

"尼罗河的礼物"，是古希腊历史学家希罗多德在公元前5世纪对埃及的称呼。

的故事或自传等。与现代作品不同的是，在每个作品上署名的通常是作品的抄写员，而不是作者。但是，女祭司恩赫杜安娜送给女神伊南娜的赞美诗除外，她是历史上第一位已知的女作家。美索不达米亚文学中最著名的作品是《吉尔伽美什史诗》，这部苏美尔神话史诗由五首史诗组成，被誉为"世界文学的奠基文本"。

其他知识

生活在古帝国时代的人们发展了"科学"知识，尽管这种说法值得商榷。例如，古埃及人虽对木乃伊的制作了然于心，但他们关心的只是如何使尸体不腐、留存时间更长，并没有对人体的结构进行深入研究。

在古埃及，尤其是在美索不达米亚，人们进行了精确的天文观测（方法后来被希腊天文学家使用），目的也仅仅是建立历法和精进占星术，而不是为了阐述天文学理论。实际上，古埃及人对"地球是一个平面"的理论从未产生过怀疑。

正是因为知道了如何进行运算，以及如何计算平面和立体的各种几何图形的面积和体积，被我们称之为"数学"的科学得到了发展。通过使用公式得到了准确的结果，其他的类似公式或算法则产生了与精确值相近的结果，即近似值，但是后来的人们在使用这些公式的时候却没有仔细区分这两种情况。

古代人不明白为何根据公式可以进行正确无误的操作，他们只是学会了这些由经验证明它们是正确的事实。无论如何，这种知识对于数学的诞生是必不可少的（在古希腊，数学作为一门研究学科出现时就考虑到了公式的证明），所以我们也可以称之为"前数学"。

苏美尔人

基督降生的4000年前，在幼发拉底河和底格里斯河之间的美索不达米亚平原，出现了第一批城市、第一批经文、第一批城邦和第一批学校，所有这些成就都应该归功于苏美尔文明。苏美尔文明的名字来自当时最大的种族——苏美尔族。人类最早的文字作品是用苏美尔语写的。

几个世纪以来，巴比伦一直是一个城邦，直到汉谟拉比（前18世纪）统一了美索不达米亚平原，它成为该帝国的首都。

古代世界的七大奇迹：金字塔和空中花园

古代世界著名的“奇迹”是指被公认为值得一游的七座古代建筑，其中包括埃及的胡夫金字塔和巴比伦的空中花园。

巴比伦神庙

交错分布的美索不达米亚阶梯式神庙（通常有四到七层）被称为“塔庙”。它们的结构与金字塔相似，内部有一个呈螺旋形上升的楼梯，直到塔顶。

根据古代传说，巴比伦的“空中花园”是由传说中的亚述女王塞米勒米斯建造的，也有一些学者将其归功于尼布甲尼撒二世。

》空中花园

空中花园历来位于古城巴比伦：这座郁郁葱葱的花园里，树木繁茂，枝叶沿着高架的平台向上蔓延。传说，它的建造是为了满足一位公主的愿望，这位公主原本生活在伊朗高原上的米底王国，来到古巴比伦后对故乡的森林非常怀念。许多希腊文献都描述过古巴比伦的空中花园，并谈到了多种机器，它们能把水提升到不同高度，对植物进行灌溉。然而，该建筑并没有留存任何遗迹，而且在巴比伦的任何史料中也寻不到确切记载，因此一些学者认为关于“空中花园”的事是虚构的，而另一些学者则认为“空中花园”真实存在，只是在亚述而非巴比伦。

历史学家希罗多德认为，为避免频繁爆发的洪水摧毁这座城市，亚述女王曾在古幼发拉底河沿岸的巴比伦及其周围的平原上修建了巨大的围堤。

胡夫金字塔

在古代世界的七大奇迹中，胡夫金字塔（埃及金字塔中最大的金字塔）是目前我们唯一仍可欣赏的，它历经超过 45 个世纪的风雨而近乎完好无损。胡夫金字塔原始高度 146.5 米（由于顶部遭到损坏，现有高度比最初降低了约 10 米），方形底座的两侧各宽 229 米。尽管它明亮的石灰石外墙不复存在，被金箔覆盖的尖头也消失了，但它的宏伟仍让我们惊叹。据估计，要建造这样一座金字塔，必须要使用 200 万到 250 万块巨石，平均每块重 2.5 吨。

实际上，金字塔是法老的陵墓，内部有许多拥有不同功能的厅室和走廊，它们尚未得到充分探索。人们对金字塔的建造方法和真正用途（也许宗教并非其唯一功能）进行了大量的研究。最新的研究成果宣称：金字塔的建造者并不是非人道条件下工作的奴隶，而是建筑行业的专业人士，工作尽管辛苦，他们还是有一定的休息时间。

金字塔表面搭建了很多高度不同的阶梯。工人们利用杠杆，小心地将石块从下一层阶梯拉升到上一层阶梯。

古埃及人很有可能是在其他系统的辅助下，使用了坡道来运输石块。在吉萨和其他地方，人们已发现了使用坡道进行运输的考古学证据。

在吉萨三大金字塔中，胡夫金字塔是最高的。它原本146.5米，在自然力量的侵蚀下现有的高度有所降低，几乎和哈夫拉金字塔（埃及第二大金字塔）一样高了。

花园的风格

“花园”一直被认为是令人愉悦的地方，波斯人用“天堂”来定义它。在《旧约》中“天堂”也被描述成一个长满果树的花园。“花园天堂”的概念在许多文明遗址中都有涉及，如在日本就衍生出其他新的形式。这一概念的起源可以追溯到农业诞生期，人类行为对大自然的改变，迫使大家生活的环境远不如狩猎采集时期自然宜人。“花园”非天然形成，而是人工建造，是为了让人们记住已经消失的自然环境。时至今日，“花园”仍有同样的意义。

希腊人

希腊人是伟大的航海家，活跃于地中海的各大港口贸易。航海中对其他文化的了解，促使他们开始反思人类本身和生活的世界。

哲学与科学

在公元前 7 世纪到公元前 4 世纪的希腊，不同学科之间并没有太大区分，哲学和科学属于同一门类。被称为“哲学家”的知识分子通常也会参与对物理学的研究。例如，留基伯和德谟克里特认为，万物的颜色、声音、气味和味道取决于“原子”（“不可分割的”之意），原子微小不可见，也不可再分，其位置、形状和速度也不可改变。今天，当我们根据光的不同波长对颜色进行分类时，或通过空气的振动频率对音调进行分类时，会发现一些类似的

阿那克西曼德

阿那克西曼德是第一位对自然界进行理性探索的古希腊哲学家，他为科学开辟了新的道路。他注意到，重物向下掉落到地上，地球却自主悬浮在宇宙中。头顶的天空可以延伸到地球之外更远的地方。在阿那克西曼德的理论里，地球不是一个圆形，而是一个圆柱体，人类处于圆柱体的上表面，另一面则为其“对立面”，当我们看另一面时，相对它就是“颠倒的”。如果一个位于我们脚下且处于地球之外的物体，被地球所吸引时，它将朝着我们的上方移动。

根据亚里士多德的说法，毕达哥拉斯学派认为数是世界的本原。对他们来说，由四行十个点排列而成的三角形图（Tretraktys）是一种神秘的象征。

情况，都是通过不可观察的实体来解释肉眼可以看到的现象。其他被认为是哲学家的思想家，也“预见”到了一些科学成就，但这并不是真正的科学，因为并没有定理或实验来证明。

文学与历史

长期以来，希腊文学一直被认为是希腊传统文化的重要组成部分。在我们当今的社会发展中，它依旧发挥着影响，最直接的例证就是后来西方的大多数作家都读过希腊文学作品，并不断从中汲取灵感。许多文学体裁衍生于此：诗歌、抒情文、赞美诗、颂歌、戏剧、悲剧、喜剧、史诗、讽刺……历史学也起源于希腊文化，这首要归功于“历史之父”希罗

群贤毕至

在意大利著名画家拉斐尔的壁画《雅典学园》中，这位艺术家描绘了他认为的、有史以来最伟大的思想家群像。他们基本上都是希腊人，波斯的琐罗亚斯德和阿拉伯的伊本·路世德（阿威洛伊）也在里面。从左到右，色彩渐浓，首先是哲学家伊壁鸠鲁，接下来是数学家毕达哥拉斯，后面一个可能是哲学家巴门尼德，他上方是苏格拉底，下方是赫拉克利特。在他们中间，柏拉图和亚里士多德正居画面中心，愤世嫉俗的第欧根尼正坐在台阶上。在台阶下面，正在使用圆规的是数学家欧几里得，另一个是科学家阿基米德，右上方则是哲学家普罗提诺。

多德，“历史”一词就取自他的著作《历史》(Historiae)，原意为“研究”。

艺术

希腊人为后世留下了许多艺术杰作，尤其是在建筑和雕塑方面。这要归功于那些对作品的文学描写、镶嵌画及罗马复制品的留存。希腊艺术对我们的审美敏感性产生了如此深远的影响，以至于我们常常认为，如果某种东西符合了希腊的准则，我们就会认为它是“美丽的”，并没有意识到我们其实是受到了古希腊文化的影响。

出于防御的目的，雅典卫城矗立在卫城山丘之上，外有围墙，内建神庙，方便聚会，是雅典市最壮丽的风景。

雅典的卫城是最著名的古代建筑群。它在公元前480年被波斯人摧毁，后来由雕塑家菲狄亚斯以及建筑师伊克蒂诺和卡里克拉斯对其进行了重建。

亚历山大大帝和希腊世界

随着亚历山大大帝的横空出世，希腊人征服了一片相当广阔的领土。尽管后来希腊帝国四分五裂，希腊人还是将其文化传播给了被征服地区的人们，这种共同的文化统称为“希腊化”。

马其顿

古典时期，位于希腊北部的马其顿处于希腊文明的边缘。国王腓力二世（亚历山大大帝之父）因其在军队中施行的一项改革而巩固了王位，强大了国家，于公元前338年成功征服了希腊，还吞并了附近的其他领土（色雷斯、色萨利和伊利里亚）。两年后，计划对波斯帝国采取行动的腓力二世没等雄心壮志实现就意外被刺杀，他的儿子亚历山大继承了他的扩张主义事业，开启了征服波斯的计划。

希腊各州与东部地区之间的贸易，开启了手工艺的新繁荣；城市化现象和人口增长促进了经济繁荣，有利于新城市的发展，例如亚历山大、安提阿、帕加马，这些城市已成为生产、消费、金融市场以及文化的中心。

亚历山大大帝的征服

公元前334年，亚历山大开始了一场针对波斯帝国的长期战役，这时的波斯帝国刚刚把埃及纳入版图。在征服了小亚细亚、腓尼基和巴勒斯坦之后，亚历山大带领他的部下进入了埃及，在那里他被尊为法老，并建立了亚历山大里亚。随后他向东进军，在高加米拉战役中，最终击败了波斯国王大流士三世，占领了巴比伦。在继续前往今天的阿富汗和印

亚历山大大帝

亚历山大大帝并不是一个生来就对征服事业非常熟练的战略家，老师亚里士多德的教导使亚历山大对文化产生了热爱并持续多年。在征服之途中，他将一路所遇到的动植物的标本，均派人送回家乡进行研究。他不想依靠希腊人或马其顿人统治被征服的人民，更希望这些人承认他是他们的统治者，但同时也希望每个民族也留下自己的文化。他还试图通过鼓励通婚的政策在各个民族中培养精英。

图为亚历山大大帝在伊苏斯之战中（前333年）对战波斯的大流士三世。这个场景非常逼真，发现于意大利庞贝城中的一幅镶嵌画。这灵感来自埃雷特里亚城邦的古希腊画家菲罗塞诺的作品《亚历山大对大流士三世的战斗》。

度时，他的军官们说服了他返程。在巴比伦附近，雄心勃勃的亚历山大大帝病逝，这是他非凡征服之路的第 11 年，这年他仅 33 岁。

继业者战争

亚历山大病逝后，没有留下合适的继承人（唯一合法的儿子尚在襁褓中，他的弟弟则精神失常）。因此，在公元前 323 年，渴望成为帝国继任者的将领们之间爆发了一系列战争。长达 20 年的混战后，竞争者们在自己实际控制的地区建立了各自的独立王国：塞琉古获得了几乎所有的原波斯帝国的全部领土（在小亚细亚，只有帕加马、本都和比提尼亚等小王国保持独立）；托勒密获得了埃及和其他领土；安提柯拿下了马其顿和希腊的大部分地区。此时的亚历山大帝国虽已分崩离析，但希腊人在很长一段时间内继续统治着被征服的领土。

希腊化

亚历山大大帝之后，希腊人统治的世界中，除了他们的帝国外，还包括罗得岛、马萨里亚（或马西里亚）和叙拉古等希腊自治城市。这是一个政治上分裂但文化上统一的世界，知识分子可以在其中自由活动。古典希腊时期，各种形式的语言在不同地区使用，后来被一种“通用”语言（希腊语 koine）所取代，这种共同的文化被称为“希腊化”。

传统上认为希腊化时期始于公元前 323 年，也就是亚历山大大帝去世的那一年，结束于最后一位希腊化统治者克利奥帕特拉七世，或者说以罗马在公元前 30 年征服托勒密王国为截止时间。

希腊科学

我们到了现代意义上的科学诞生于希腊世界的时刻，尤其是所谓的“精确”科学：几何学、天文学、力学、光学和流体静力学。

文化融合

得益于亚历山大的征服，希腊人和古文明（如埃及、美索不达米亚地区、波斯和腓尼基）国家之间的密切接触，带来了希腊科学的黄金时代。希腊人已经在哲学和几何学领域发展出精巧的逻辑研究方法，但征服后，他们不得不处理占领地国家出现的新问题（如尼罗河洪水的调节）。他们开始熟悉埃及和美索不达米亚地区比自己已知技术更高超的技术，并将新的知识添加到现有的知识中，发展出新理论。同时，非希腊血统的学者则将希腊人的知识加入自己的原有认知中。交流极大地丰富了双方的文化，这一切都汇聚成了强大的泛希腊文化。

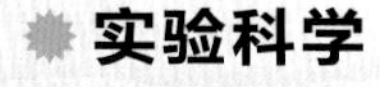

实验科学

尽管人们常质疑希腊化科学家所进行的实验，但资料显示并非如此。如，拜占庭的菲洛对空气加热会膨胀进行了实验，发明了“温度计”；埃拉西斯特拉图斯通过称量动物及其排出和分泌的物质，进行了鸟类新陈代谢实验。这两个实验在17世纪都得到了重复，第一个是伽利略，另一个是他的朋友桑托里奥。

科学方法的诞生

希腊化时期，科学所使用的方法是先提出假设，被证明后再形成理论，正是这种方法使得许多成就被认为是“完全科学”的。这种方法在古典希腊时已应用于几何学领域，但在希腊化时期，它被系统地应用于新领域产生了一系列新科学。这一时期，实验成为方法论上的另一个基本创新。

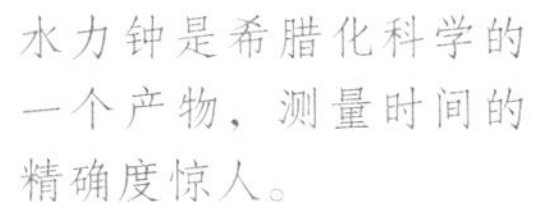

水力钟是希腊化科学的一个产物，测量时间的精确度惊人。

希腊化时代最大的科学中心是埃及的亚历山大里亚，得益于坐落于这里的图书馆和博物馆，这座城市成为当时所有知识分子关注的焦点。

博物馆工作的科学家们拥有阅读室、解剖室、天文观测台、动物园和植物园。

知识中心

在希腊化时期，许多城市因其文化地位而脱颖而出。一些曾具有无可争辩的至高地位的城市，如雅典，被亚历山大帝国分裂后出现的新王国的首都所取代。

在阿基米德时期，西西里岛东部的叙拉古是一个经济繁荣的城市，尽管它在军事和经济体量上都无法与其他主要的希腊城邦竞争。

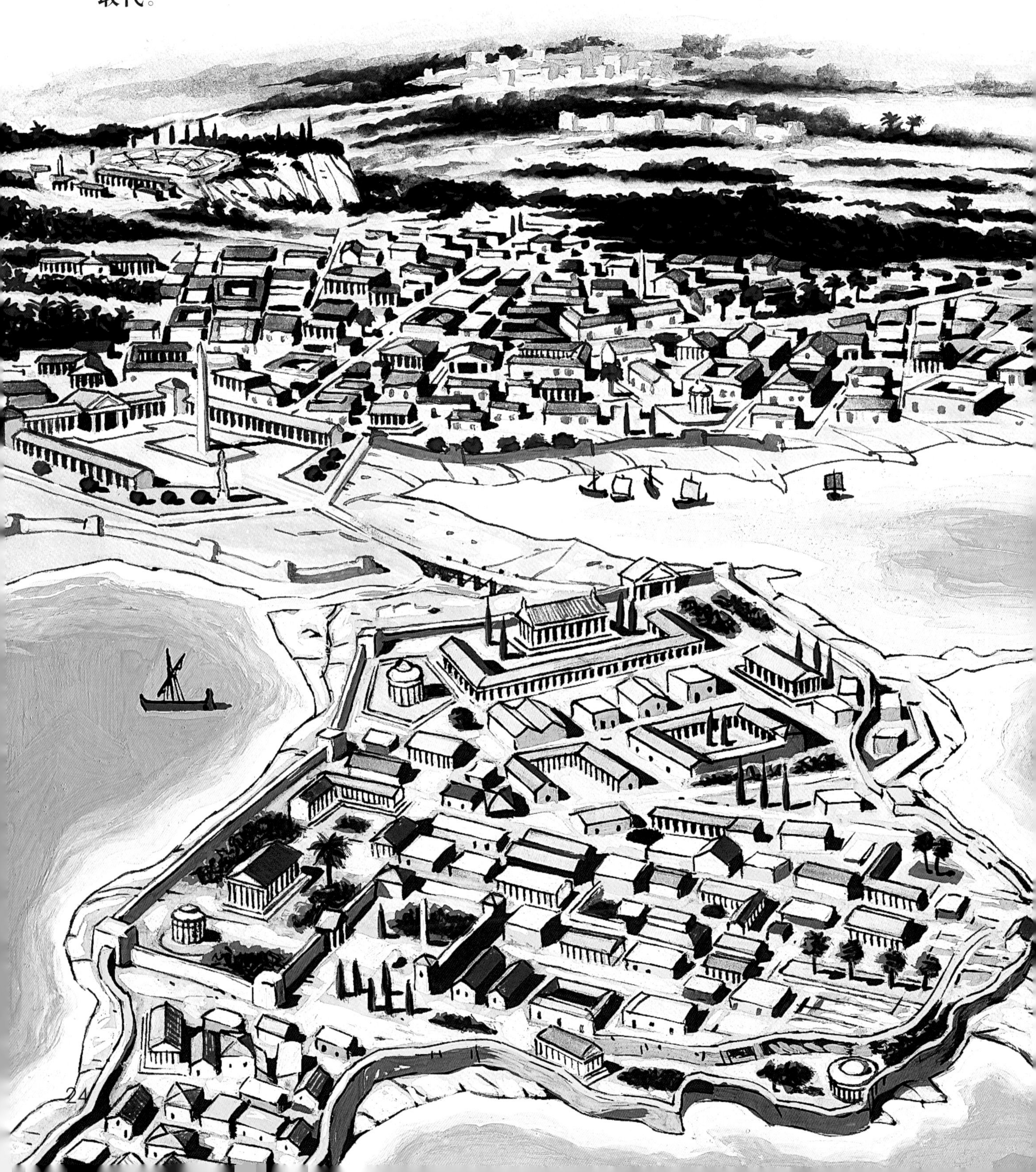

雅典

雅典仍然是重要的文化中心。尽管它在科学领域上落后于新的中心，但在哲学领域稳住了自己的领先地位。由柏拉图和亚里士多德创立的哲学流派（至今仍活跃的学院和大学）吸收了新的成员，例如由伊壁鸠鲁创立的花园派和芝诺创立的斯多葛派。他们都对逻辑学和语言学进行了有价值的探索。

罗得岛

罗得岛是重要的商业中心，对文化贡献也很大。罗得岛是第一个海洋法和太阳神巨像所在地，后者是世界艺术和技术的杰作。诗人阿波罗尼乌斯和古代最伟大的天文学家希帕克斯都曾在这里工作过。罗得岛也因哲学（西塞罗的老师波西多尼乌斯）和语言学（色雷斯的狄奥尼修斯在罗得岛写了第一个有记录的语法）研究而闻名。

公元前5世纪，西西里岛叙拉古的人口和领土增加了两倍，成为希腊最辉煌的城市之一。它的声望一度超过了雅典和米利都，成为当时最著名的城市。

叙拉古

古典时期的叙拉古很重要：柏拉图在这里度过了人生两个有趣时期，似乎也是在这里，哲学家希塞塔斯首次提出地球在移动。在叙拉古的希腊化时期，阿基米德无疑是主要人物，但他并非是唯一的人物：维特鲁威的著作中记载了一位日晷的发明者，就是来自叙拉古的天文学家斯科帕斯；著名田园诗创始人忒奥克里托斯的家乡也是叙拉古。

除了亚历山大里亚图书馆外，希腊城邦内还有许多其他城市建有图书馆，如佩拉、马其顿、帕加马……

亚历山大里亚

依托早期托勒密王朝的文化政策，亚历山大里亚成了当时主要的文化中心。在亚历山大里亚的科学家中，除欧几里得和埃拉托色尼外，还有水力钟和压力泵的发明者特西比乌斯，他的学生拜占庭的菲洛，及著名的数学家和天文学家佩尔加的阿波罗尼乌斯。希罗菲卢斯在亚历山大创立了解剖学（此术语初意是指对人体的系统解剖），发现了神经系统和大脑、感觉及运动神经的功能。主要的希腊化诗人，如卡利马科斯、罗得岛的阿波罗尼乌斯和忒奥克里托斯，都在亚历山大里亚工作过，这里也是语言学的诞生地。

受到资助的文化

在整个希腊化世界，统治者资助文化特别是科学和技术的发展是一种传统。当希罗菲卢斯在亚历山大里亚进行他的解剖学研究时，埃拉西斯特拉图斯在安提阿也进行了同样的研究。不仅亚历山大里亚和帕加马，还有其他许多城市，除图书馆外，政府还建立了天文观测台。在蓬特，当政者创建了一个动物园，并建造了第一座水磨。许多海军技术和防御工事的进步是在各个城邦同时发生的，这表明了当时人们追求的研究方向类似性。

帕加马

尽管面积不大，但在当时的土耳其，帕加马王国是文化领域最活跃的国家之一。它的图书馆规模仅次于亚历山大图书馆。公元前2世纪，帕加马国王阿塔罗斯三世撰写了一篇有关农业的论文，他和王国的继任者们利用王宫花园，极大地促进了植物学的研究。阿塔罗斯对土木和军事工程的发展特别感兴趣。帕加马的水渠顺利把水运到山上的城堡，成为水利工程学的杰作。作为对国家提供资助的回报，杰出的军事建筑专家们为王国修建了具有前卫防御功能的工事。此外，帕加马还以其语言学而闻名，在当时，只有亚历山大里亚内的大学可与之相比。

位于奥伦特河畔的安提阿，是亚历山大大帝手下一名将领为纪念其父而建造的。在古罗马政治家和哲人西塞罗的文学作品中，它是当时文化生活的重要中心之一。

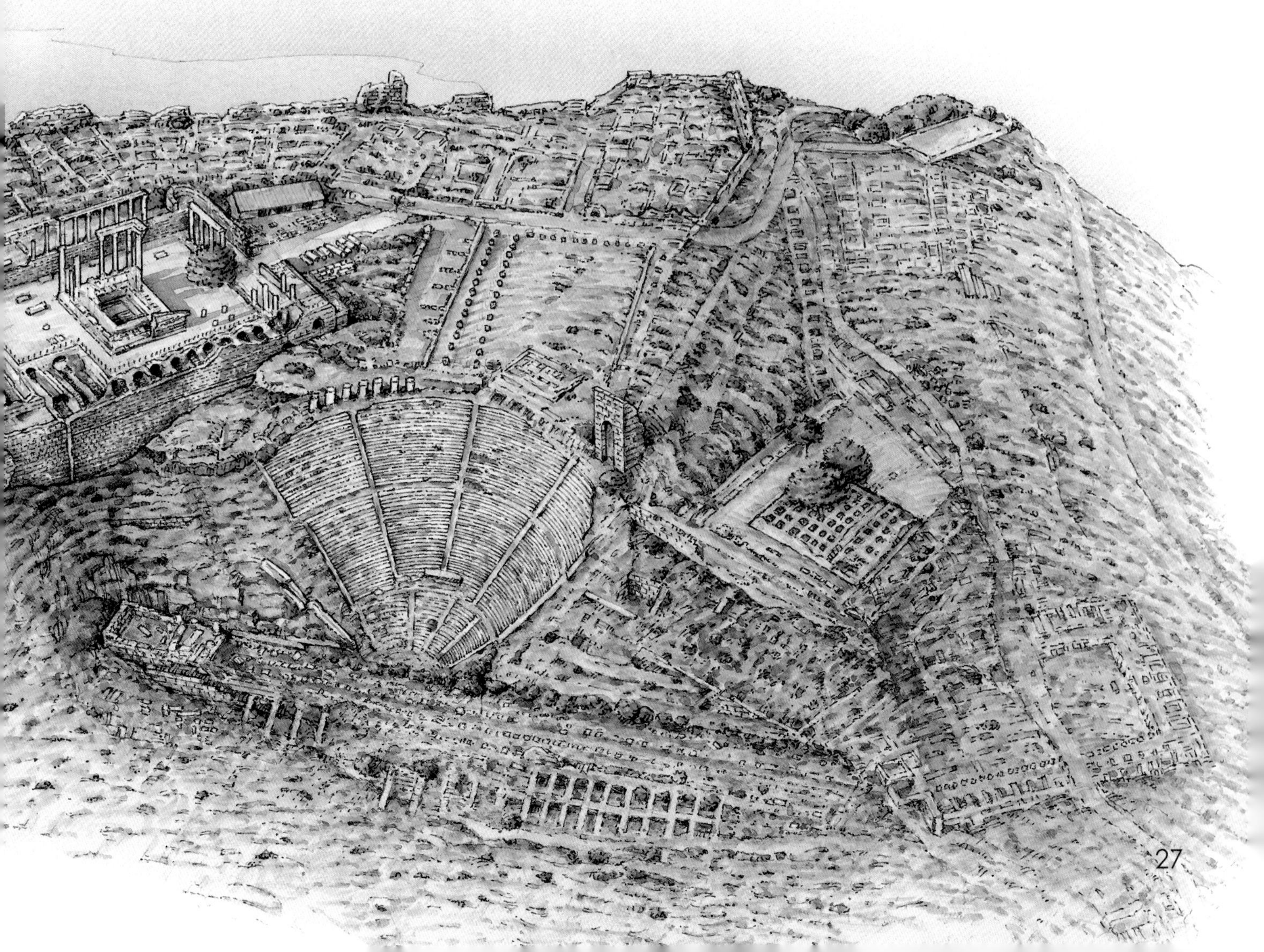

科学界主角——欧几里得

希腊化初期，欧几里得曾在亚历山大里亚工作，是当时最杰出的科学家之一。他被称为“几何之父”。

科学

欧几里得研究了所有需要严格处理的科学问题，这类科学被今天的我们称之为“精确”科学，其中就有数学。当时的数学学科不仅包括算术和几何，还有天文学、机械学、光学、音乐理论和其他学科。在他的研究中，欧几里得介绍了许多新的方法，包括说明构成每个理论基础的数个陈述（称为公设）。任何理论只有在可以被证明的情况下才是正确且科学的，也就是说，它能够从公设和其他已经被证明的陈述中逻辑地推导出来。如果假设的结果能直接被观察所验证，也可以被认为是有效的。

作品

我们对欧几里得的生活情况一无所知，只知道他曾在亚历山大里亚居住和教书。但是，我们可以确定他的主要著作：《几何原本》《数论》，在《光学》中他研究了人们观察物体的方式，在《反射光学》中论述了光的入射角等于反射角，《现象》内容则涉及球面天文学。另外，还有一些关于音乐理论的论著。可惜的是，他的很多作品都遗失了。

欧氏几何

欧几里得在《几何原本》中阐述的几何学是一种严格的理论，可以用尺子和圆规进行绘图，但只涉及直线段和圆弧，不包含不能用这些工具构建的图形。例如，前面提到过的“毕达哥拉斯定理”（如图）是基于这样一个命题：根据公设，证明在给定的线段上可以构造一个正方形。这是一个非常重要的理论，人们用它解决了许多其他科学问题，如光学、天文学和机械学。

公元3世纪写有《几何原本》第2章第5节中图表碎片的莎草纸。

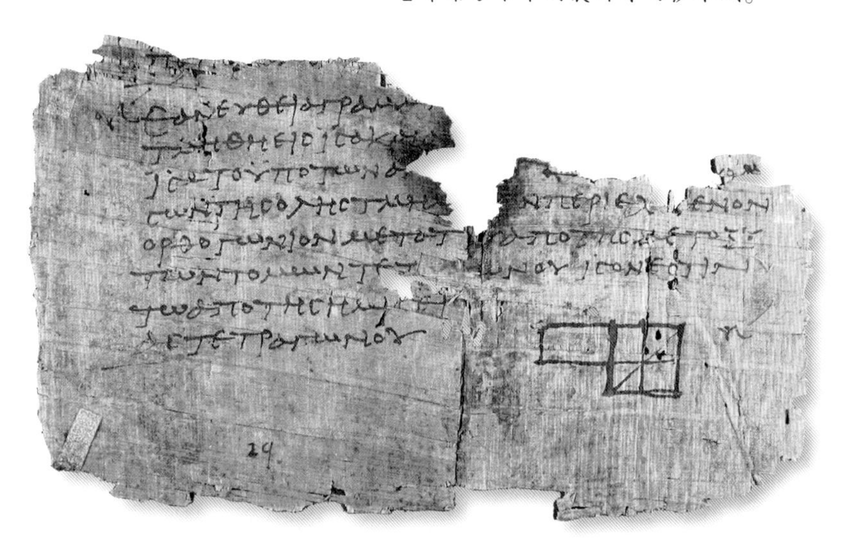

《几何原本》

在著作《几何原本》中，欧几里得证明了包含几何学在内的465个定理。其中最著名的是，他用简单又优雅的方式证明了质数（只能被1和自己整除）是无限的。这部作品成为古代教授科学的基础教材，亦被伊斯兰科学家使用。12世纪时，这一定理的重新发现标志着欧洲科学研究的开始，直到一个多世纪前，它依旧是学校的研究对象。

欧几里得的《几何原本》由13本书组成：5本是关于平面几何，4本关于物理量之间的关系，1本讲到不可比理论，3本讲解了立体几何。

当时只有《圣经》在版本数量上超过了欧几里得的《几何原本》。这是因为，在印刷机发明之前的几个世纪中，《圣经》就已有大量的手抄本流传。

5世纪的拜占庭作家斯托贝乌斯讲述了这么一个故事，欧几里得的一个学生需要从学到的知识中赚钱，于是他问老师，学习几何学将会获得什么好处。欧几里得思索了一下，命令一个奴隶给他半德拉克马（古希腊货币）。

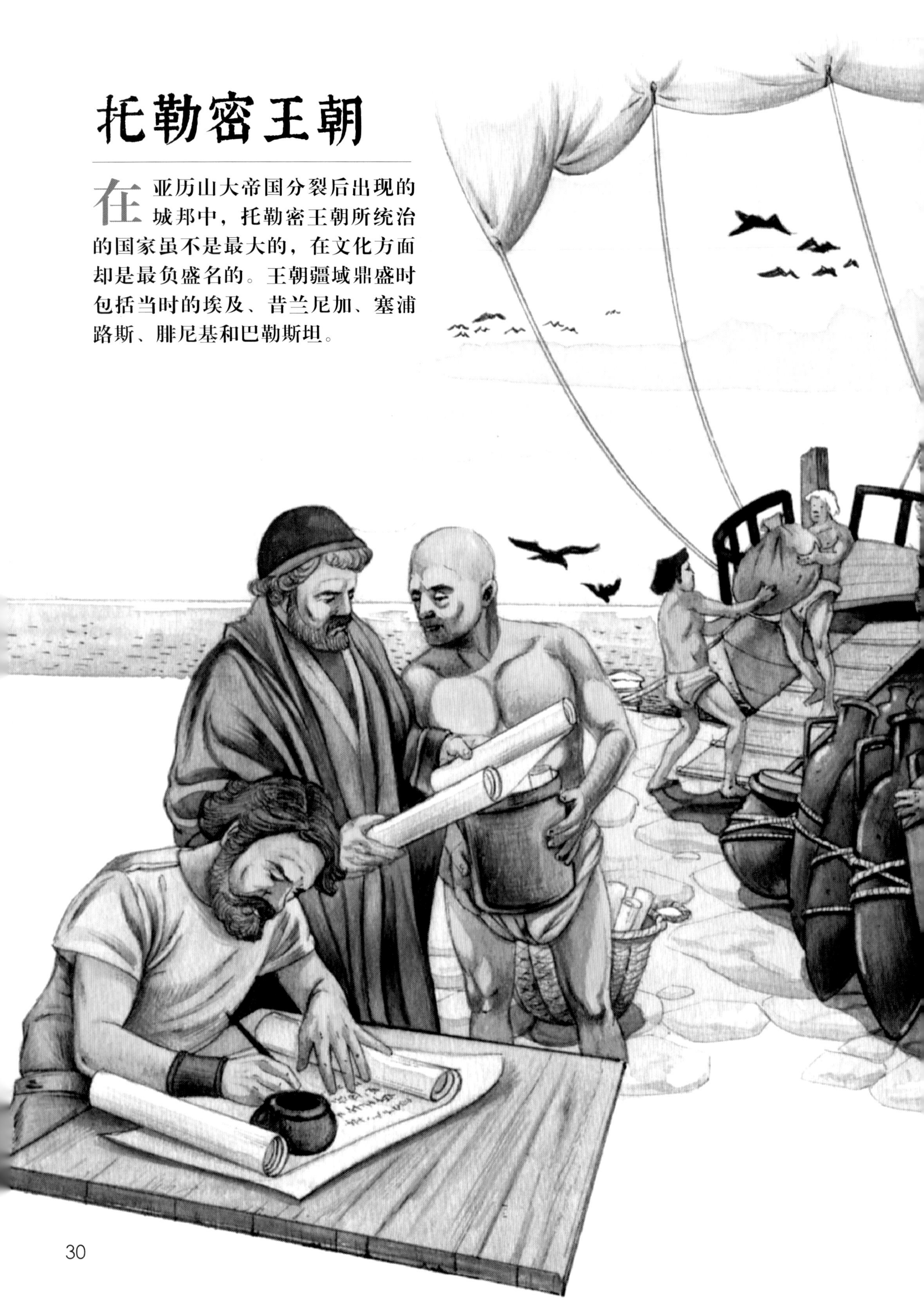

托勒密王朝

在亚历山大帝国分裂后出现的城邦中，托勒密王朝所统治的国家虽不是最大的，在文化方面却是最负盛名的。王朝疆域鼎盛时包括当时的埃及、昔兰尼加、塞浦路斯、腓尼基和巴勒斯坦。

托勒密二世费拉德尔福斯下令没收抵达亚历山大港的船只上所有的书籍；作为交换，这些图书的所有者收到了由图书馆抄写的复制版本。

托勒密二世费拉德尔福斯，他是亚历山大大帝死后统治埃及的第二位君主。他于公元前 285 年开始摄政，公元前 282 年正式独揽大权，开启了他的君主统治时代。

希腊人和埃及人

希腊化的托勒密王朝主要居民是埃及人，但统治阶层却是希腊人：从王室到知识分子、军官和官僚。大多数希腊人都集中在亚历山大里亚，尽管很多埃及人和犹太人也住在这里。托勒密王朝试图通过吸引来自希腊的移民来加强统治阶层，同时也同化一部分犹太人和埃及人（如埃及祭司曼涅托，他用希腊语书写了一部埃及历史）。

经济

托勒密王朝统治下的埃及是一个非常富裕的国家。得益于耕作技术和农业机械的创新，农业得到了长足的进步。粮食生产不仅足以养活约 800 万人口（几乎是法老时代人口的三倍，直到 19 世纪末才被超越），还用来出口。除农产品外，托勒密王朝还出口纺织品和玻璃制品等其他商品。

亚历山大里亚

亚历山大里亚是托勒密王国的首都，这座以亚历山大大帝命名的城市开建于公元前 332 年。成为首都后的亚历山大里亚迅速成为古希腊世界众所周知人口最多的城市。它已经具备了许多现代城市的特征。例如，在两条主要街道上有夜间照明系统、每家每户都能用上净化后的尼罗河河水、距港口 50 千米外的船只都可以看到港口处著名的亚历山大灯塔。该城市人口主要由希腊人、埃及人和犹太人组成，其他的人则来自世界各地，有阿拉伯人、埃塞俄比亚人和印度人。

北非突尼斯让-克洛德·戈尔文的水彩画重现了古代亚历山大里亚的盛景。正中央是有名的卡诺卜大道，长 7000 米，宽 30 米。在画的右边，一条长 1240 米的堤道，将城市与后面的法罗斯岛屿联系在一起，岛上有当时世界上最高的建筑物——亚历山大灯塔。

著名的克利奥帕特拉女王（埃及的克利奥帕特拉七世女王）是托勒密王朝最后一位统治者，随着埃及成为罗马帝国的一部分，这个王朝随着她的死亡而告终。她的儿子恺撒里昂在她自杀后不久也被暗杀。

文化政策

早期的托勒密王朝为科学研究提供资金，并通过各种方式鼓励科学研究，使亚历山大里亚成为当时最重要的文化中心。王朝建立了博物馆，让所有学科的专家都可以在这里无忧无虑地生活，全身心地投入研究。从博物馆、图书馆、动物园，到各种天文仪器，他们拥有研究所需要的一切。我们知道，为了让希罗菲勒斯研究解剖学和生理学，王朝为其提供了死刑犯的尸体，供他进行各种实验。科学研究为王朝的繁荣做出了贡献，在许多领域中，王朝都受益于科学带来的技术，如航海、农业和制造业。

莎草纸和羊皮纸

“纸”一词源自希腊语“pápyros”，指的是它所来自的植物。在古代，纸张是用这种植物的纤维制成，它们在尼罗河三角洲随处可见。在法老统治下的埃及，人们用蘸着墨水的鸟类羽毛在这种材料上进行书写，它的使用随后传播到地中海世界的其他地方（美索不达米亚地区使用黏土板）。当托勒密王朝认为莎草纸是一种有价值的商品并禁止其从埃及出口时，帕加马人利用羊羔皮获得了替代材料——“羊皮纸”。

科学的促进者——埃拉托色尼

地理学家、数学家、哲学家、历史学家、语言学家和诗人，这些头衔让埃拉托色尼成为那个时代“智者”的最佳典范，几乎精通所有知识。

地理学之父

埃拉托色尼出生于昔兰尼（今利比亚），在雅典他与很多哲学家一起接受了良好的教育。因其出名的著作，国王托勒密三世任命他为亚历山大图书馆馆长和王位继承者的导师（老师）。他几乎在所有的科学领域都取得了重要成果，尤其是地理学方面，“地理学”一词就来自他的《地理》。

他研究自然地理，观察潮汐现象，并通过撒哈拉沙漠绿洲中的海洋软体动物化石，推断出海岸线的变化。他是数理地理学的创始人之一，创立了地图的经纬网格，并精确地测量了地球的周长。

埃拉托色尼的自杀

在著名的拜占庭百科全书《苏达辞书》中，有记载说埃拉托色尼在晚年决定结束自己的生命，他认为活着不值得。他选择了非暴力的自杀方式：绝食。这是目前已知的最早的自愿性安乐死案例之一。

作为亚历山大图书馆的馆长，埃拉托色尼参加了博物馆科学家之间的讨论和意见交换，他正在前往知识分子平时就餐的大型公共食堂。在托勒密王朝的赞助下，科学家们的食物是免费的（住宿也免费）。

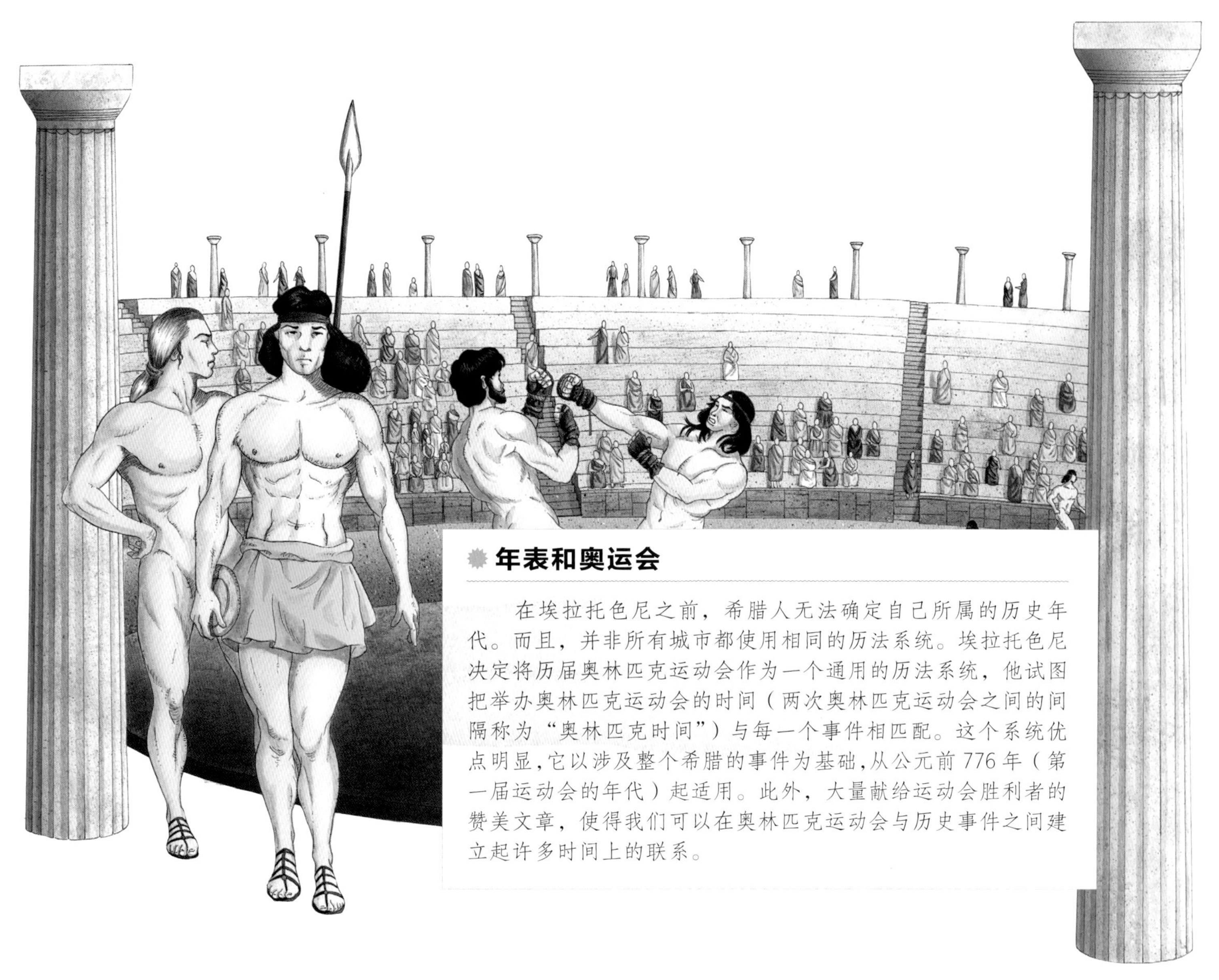

年表和奥运会

在埃拉托色尼之前，希腊人无法确定自己所属的历史年代。而且，并非所有城市都使用相同的历法系统。埃拉托色尼决定将历届奥林匹克运动会作为一个通用的历法系统，他试图把举办奥林匹克运动会的时间（两次奥林匹克运动会之间的间隔称为“奥林匹克时间”）与每一个事件相匹配。这个系统优点明显,它以涉及整个希腊的事件为基础,从公元前776年（第一届运动会的年代）起适用。此外，大量献给运动会胜利者的赞美文章，使得我们可以在奥林匹克运动会与历史事件之间建立起许多时间上的联系。

其他成就

埃拉托色尼也是一位伟大的数学家。他给我们留下了许多宝贵的财富，如确定质数的程序——“埃拉托色尼筛法”，还发明了一种可以计算立方根的机械装置。

作为图书馆馆长,他负责许多希腊经典著作的出版工作。为了尽可能地保留所有文本的原貌（由于抄写者的不同，每个作品的版本都有差异），他仔细研究了这些文本，这就是为什么他被看成语言学的创始人之一。同样，作为历史学家，他还发现了一种确定希腊历史日期的系统。他研究文学史，并撰写了一篇关于古代喜剧的文章。在天文学领域，他还计算了地轴的倾斜度。

埃拉托色尼作为一位哲学家在古代备受推崇，作为一个诗人更是如此，但关于他的哲学和诗歌作品，现在我们只能看到一小部分。在他讲述柏拉图主义的哲学著作中，我们还能找到音乐理论。

根据罗马地理历史学家斯特拉波的说法，埃拉托色尼是地理学家中的数学家，也是数学家中的地理学家。实际上，正是埃拉托色尼首创了球面坐标系。

埃拉托色尼绘制的世界地图。

亚历山大图书馆

亚历山大图书馆是古代最大的图书馆，馆长由国王亲挑最杰出的学者担任。在图书馆中，除采购书籍、图书编目外，学者们最主要的工作是编辑图书。

》编辑工作

图书馆制作的书籍是由业务娴熟的抄写员抄写的复制品，一共分三类：第一类是新作品，主要由住在博物馆内的学者撰写；第二类是希腊文学经典的语言学批判版本，这些版本通过纠正早期抄写者的错误及从各种保存的版本中精选合适的来试图重建原始文本；第三类是翻译成希腊文的其他语言文本，如希伯来圣经和波斯教的整个语料库（据普林尼记载大约 200 万节经文）都被琐罗亚斯德翻译了。所有这些都成为参考文献，它们的副本传遍了整个希腊语世界。

》馆长人选

早期的托勒密国王希望担任图书馆馆长的都是业内水平最高的学者，会从希腊世界各地挑选。馆长同时也担任王位继承者的传道人（即老师）的职位。在历任图书馆馆长中，有诗人阿波罗尼乌斯、科学家埃拉托色尼和古代著名语言学家之一萨莫色雷斯岛的阿里斯塔克斯。公元前 145 年，

书籍的抄写

书籍通过抄写员的副本进行传播。抄写员可能会犯错，因此必须要有可靠的文本（例如来自亚历山大图书馆的书籍），才能够尽可能地接近原著，以便直接抄写。虽然抄写错误是不可避免的，但抄写员一经发现就会纠正。然而有时候，错误并不会全被抄写员发现，没被发现的错误就会从一个副本重复传递到另一个副本上。如果再有一些新的错误，随着时间的流逝，一本书最终则会与原著有很大的不同。

图书馆藏书

我们不知道亚历山大图书馆拥有多少卷书（莎草纸卷）。根据一些专家的计算，在托勒密二世费拉德尔福斯时期，这个数字约为 50 万。这是一个庞大的数目，但需要提醒的是一部古书并不仅有一卷组成，如《伊利亚特》和《奥德赛》就各有 24 卷。

托勒密八世将所有学者都赶出亚历山大里亚，将馆长一职交给一名军官后，亚历山大图书馆也失去了昔日的辉煌。

书籍的获取

图书馆通过各种渠道购买书籍，并向与托勒密王朝有来往的王国或城邦的统治者索要书籍来丰富馆内的收藏。托勒密二世费拉德尔福斯甚至制定了“船舶税”，所有抵达亚历山大港的船舶都必须交付他们船上的书籍，作为回报，他们可以得到一份副本。

大型图书馆的使用权是留给博物馆内的先贤，但在塞拉皮斯神庙中，有一个较小的图书馆是面向公众开放的。

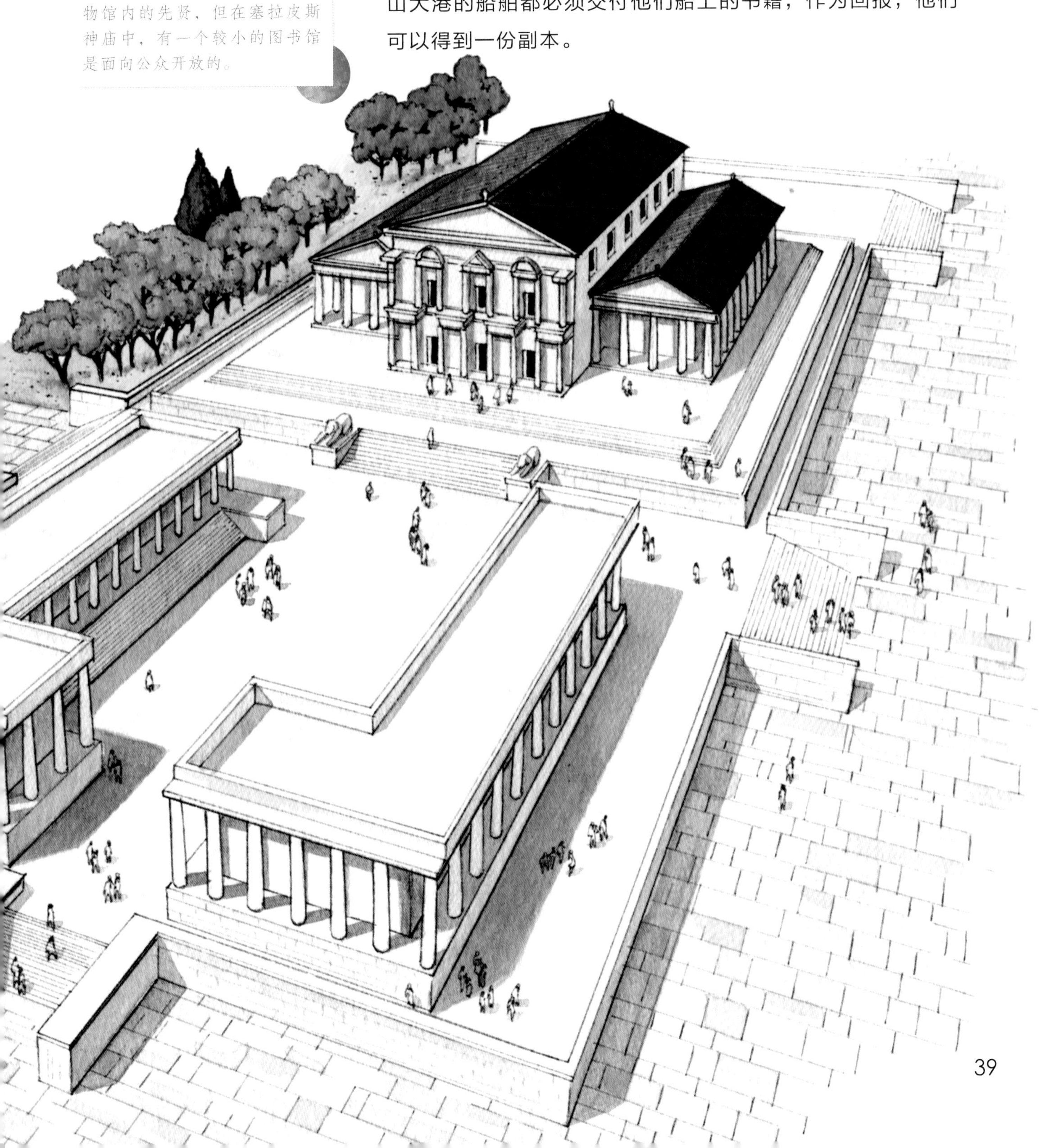

这些书都抄写在长卷莎草纸上，用木制或象牙色的木棒卷起来，木棒两端装有两个旋钮。

据普鲁塔克说，希罗二世说服阿基米德制造攻击和防御武器，后来，当叙拉古被罗马人围困时就派上了用场。

科学界的巨人——阿基米德

阿基米德是古代最伟大的科学家。他在几何学、机械学、光学、天文学和流体静力学方面都取得了杰出的成就，并发明和完善了应用于实际生活的仪器和机械。

阿基米德的一些发现

阿基米德在数学领域取得了一些重大成就。他成功地证明了球体表面积是它大圆周面积的 4 倍，由此也获得了计算球体体积的公式，并找到了精确计算周长与直径之比（即我们今天所知的 π）的体系。更具深远意义的是，他提出无限加法的可能性和精确计算一些由弧形线围成的表面积的结果。

机械学领域的主要发现是证明了给予一定的力，即使是很小的力，也可以举起很大的重量。阿基米德设计并制作出能够实现这一目标的机械（例如，他用 1 千克的力就举起了 1 吨的重量）。在他寄给埃拉托色尼的著作《机械定理方法》中，他解释了在证明这些结果之前如何提取数据的过程。

他关于光学的论文没有留存下来（就像那些关于天文学的论文一样），但我们知道他还研究了折射现象，折射现象为人们提供了更多的观察物体的视角。人们对被忽视了许多世纪的阿基米德作品的研究，对于近代初期的科学复兴至关重要。

阿基米德与他的天文学家父亲一起在观测天空。正是他父亲意识到了儿子的非凡科学才能，才把他送到亚历山大里亚学习。

尤里卡！阿基米德的浴池传奇

叙拉古国王要求阿基米德检验一顶王冠是否由纯金制成。他洗澡时，突然发现自己进入放满水的浴池时，溢出的水就是他身体的体积。知道了这一点，他就能计算出不规则物体的体积，比如说王冠；他只需要检查重量和体积之间的比例（密度）是否与黄金的比例相同即可。这项发现使他兴奋不已，据说阿基米德从浴池里出来时大喊：尤里卡（我找到了）！

智者的人生

除了亚历山大里亚，阿基米德的生活几乎都在他的故乡叙拉古度过，叙拉古的统治者希罗二世是他的朋友和亲戚，我们对他的其余生活一无所知。消息来源主要是传世的奇闻轶事，讲述中的他常常沉迷在一些深刻的科学主题中，对日常平淡的生活几乎没有兴趣。当他的君主朋友去世时，他已经老了。王位继承人杰罗姆想要在同罗马的战争中与迦太基结盟，阿基米德通过发明各种武器，帮助保卫了这座被罗马人围困的城市。后来，他在罗马人成功占领叙拉古并洗劫这座城市时遇难。

阿基米德曾证明，球体表面积是其最大圆（将其等分切成两半后保留的平面）面积的4倍，而球体的体积占外接圆柱体体积的三分之二。

流体静力学

阿基米德最著名的一些发现与流体静力学、液体的平衡和物体浮力有关。他在《论浮体》中陈述了他的简单假设：作为第一个结论，他推断出，在平衡条件下，海洋表面必然是球面，其中心与地球中心重合。希腊人早就知道地球是圆的，但是阿基米德证明地球的液体部分也适应于这种形状。

在这部著作的其余部分，阿基米德研究了浮体的平衡问题，计算了推动浮体上升的力量，及既定密度物体的某一部分从水中浮出时所受的力。有趣的是，这个结果与平衡稳定性有关。对于一些简单的形状，基于其形状和密度来计算允许物体稳定漂浮的条件，即如果有任何行动使其偏离平衡位置，它就会自发地纠正自己。阿基米德将这些发现应用于海军工程。事实上，我们知道这位科学家督造了西方世界古代最大的船只——叙拉古号，其尺寸直到19世纪才被超越。

阿基米德墓

阿基米德证明了球体的体积占外接圆柱体体积的三分之二。他对这一成果非常骄傲，曾要求将图案刻在他的坟墓上。西塞罗坚持认为，在西西里岛他之所以能在叙拉古公墓中找到这位伟大科学家的坟墓（被他后世的同胞们遗忘了具体位置），正归功于此。

科学的遗失与复兴

科学在公元前 2 世纪中叶经历了第一次消失。当时，罗马征服了地中海地区，在随后的几个世纪中，人们尝试了各种让科学重新恢复的方法，但都没有成功。古代科学被人们遗忘了。

罗马人与科学

罗马人对科学缺乏兴趣，这一点从阅读具有科学性的拉丁文作品就能得知。如从普林尼的《自然史》中可以看出，他对于希腊资料并不是很熟悉。

第一段低谷

公元前 146 年，罗马人将迦太基城夷为平地，征服了希腊并摧毁了以奢华和昂贵生活而著称的商业城市科林斯。尽管埃及在当时保持独立，但第二年也成为罗马的附庸国。王朝不再为科学提供资金，图书馆藏书也被当作战利品带回罗马，许多学者被作为奴隶驱逐出境，为更高级别的罗马人的孩子当抄写员或训导员（老师）。

罗马元老院的权力包括：封存和平协议或宣战、接受外来者的征服、派代表解决争端或施加命令。

希腊文化

罗马征服之后，得益于一些希腊学者的努力，来自罗马的精英们阅读了他们抢劫的书籍，还前往希腊进行了教育之旅，因此提高了文化水平并吸收了希腊文化。几代人之后，在罗马诞生了与希腊同等的文学、演讲术和史学。但科学并不在内，它仍然与罗马学者格格不入。

罗马帝国的科学

公元 2 世纪，处于和平时期的鼎盛以及古书籍的存在（尤其是幸存在亚历山大图书馆中的），使得在罗马帝国东部讲希腊语的地区恢复科学研究成为可能。这一时期最引人注目的科学界人物是盖伦和托勒密。盖伦集中精力研究医学，托勒密则追求天文学、地理、光学研究和音乐理论。但是，想要掌握科学方法，不靠老师传授知识，只靠个人智慧以及阅读旧书古籍是不够的。因此，这些学者只部分恢复了科学的局部，也就不足为奇了。例如，托勒密在估算地球尺寸（埃拉托色尼曾精确地计算过）时错误百出，他认为地球是固定不动的，忽略了希腊化时期就

对于罗马人来说，工匠所从事的工作是一种卑微的职业，与罗马人的身份不相称。由于缺乏宣扬，许多古代工匠和工程师的知识失传了。

征服迦太基和科林斯

公元前146年罗马征服了迦太基和科林斯。尽管在迦太基有很多有藏书的图书馆，但罗马人认为只有一本书值得翻译：马戈的农业论文。其他书对他们似乎毫无用处，它们被赠予了努米底亚国王。科林斯的征服者卢西奥·穆米奥得到了这座城市的众多艺术品，并委托一家公司将它们运到罗马，合同规定，如果佚失或损坏任何一件作品，则保险公司将必须进行赔付。

已经发现的地球运动原理。托勒密不知道希腊天文学家使用的某些仪器（例如角度仪）；而当时被认为是最好的医师盖伦，也经常表明他对前辈希罗菲勒斯的著作并没有完全破解奥秘。知识在传播的过程中，经常存在太多的空白。

学会读写之后，罗马人开始在各种导师的指导下完善所学到的知识（包括各种算术运算）。

科学的分崩离析

罗马人对科学不感兴趣的另一个例子可以在普鲁塔克的《希腊罗马名人传》一书中找到。这位被图拉真皇帝所保护的希腊作家，试图通过这本书来证明希腊人和罗马人之间的同源性，他将23个希腊人与23个罗马人进行了比较分析（其中一对是亚历山大大帝和恺撒），但在他的名单上一位科学家都没有。

贵族家庭的老师通常是奴隶身份的希腊人。

用骨头、木头或金属碎片在蜡板上写字。

19世纪，英国建筑师、画家托马斯·阿罗姆创作的油画《科林斯的沦陷》，描绘了公元前146年，希腊的科林斯被罗马军队攻陷，军队四处抢劫放火，百姓惨遭屠杀的场景。

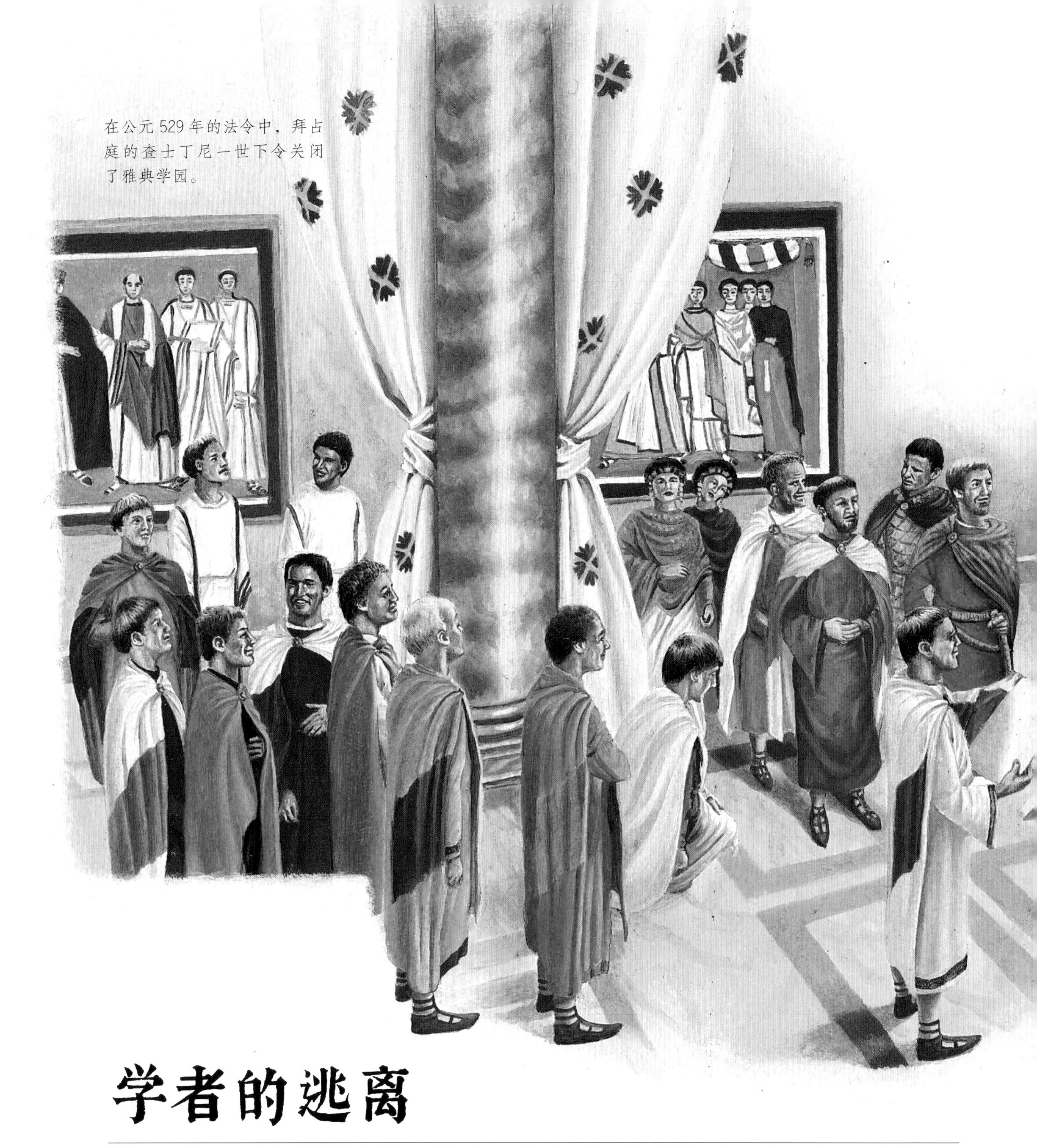

在公元529年的法令中，拜占庭的查士丁尼一世下令关闭了雅典学园。

学者的逃离

除科学著作的遗失外，科学被遗忘的另一个原因是学者们的缺席。他们被迫逃亡之后，就连曾经工作的学院也被关闭了。

亚历山大学者的迁移

公元前145年，受亚历山大里亚人民反对并因此在罗马避难的国王托勒密八世在罗马的支持下重登王位。他的统治宁愿对

有一些皇后，如查士丁尼一世的妻子狄奥多拉皇后，在朝廷上拥有巨大的权力。

在拜占庭帝国，皇帝是绝对君主，他的权力被认为来源于神。查士丁尼在位时，参议院没有政治自主权以及立法权。

希腊语是拜占庭帝国的官方语言，也适用于文化领域。拉丁语是官方语言，但在公元7世纪皇帝赫拉克利欧统治的10年中，它被希腊语取代。

外借助罗马人帮助，对内依靠埃及人治理，也不愿意信任希腊学者渊博的才识，谁让后者给他起了“啤酒肚”的绰号呢？掌握政权后，他对希腊学者发起了猛烈的迫害，以报复他们曾明确反对他统治的言行。在亚历山大图书馆工作的所有学者都受到了死亡威胁，但许多人还是设法逃了出来。有学者回忆说，逃亡的人数之多，以至于地中海地区没有一个城邦，甚至包括亚历山大里亚，都没有哪个

波斯国王科斯洛埃斯

萨珊王朝的波斯国王，科斯洛埃斯一世虽然发动过战争，但他致力于实现和平，保护艺术与科学。他对文化的兴趣体现在欢迎最后七位新柏拉图派哲学家来到他的宫廷。

东罗马皇帝查士丁尼一世，强迫拜占庭帝国的许多民族皈依基督教，并使用高压手段打压不愿屈服的其他宗教派别。

课程能够开课。逃亡者中包括了古代著名语言学家之一，来自萨莫色雷斯岛的馆长阿里斯塔克斯，国王任命了一位没文化的军官取代了他的位置。就这样，科学活动一夜之间在曾经是希腊世界最大文化中心的亚历山大里亚完全停顿，并再也没能恢复过往的辉煌。

》哲学学校的关闭

公元 529 年，作为拜占庭帝国基督教化计划的一部分，皇帝查士丁尼一世决定关闭雅典的哲学学校，特别是一些享有盛誉的学院，如雅典学园。在他看来，这些学院传播的知识与基督教教义格格不入。

雅典学园的负责人大马士库斯和其他成员在波斯避难时，得到了波斯萨珊王朝科斯洛埃斯一世的接纳。查士丁尼的决定促进了希腊与东方世界的文化交流，尽管这并不是他的初衷。

雅典学园被关闭后，许多希腊学者得到了波斯君主科斯洛埃斯一世的接纳。两年后，他们才回到了自己的家园。

雅典学园

该学园（之所以称为“学园”，是因为它坐落在卡德摩斯神的花园中）是由柏拉图建立的一个教师和学生共同生活的社区。柏拉图去世后，直到公元前 1 世纪，学园一直与各类学者（哲学流派的领袖或创始人）一起存在。4 世纪末，新柏拉图派的哲学家们创建了一个新的学园，但查士丁尼一世关闭了它。这所学校有着很高的声望，它的名字广为流传。如今，“学园”一词还被用来指代“学习”的地方。

伊斯兰文艺复兴

从文化的角度来看，9 世纪至 13 世纪以来，伊斯兰国家比欧洲要发达得多。穆斯林科学家们继承了几百年前被中断的科学研究传统，并取得了重要突破。

中亚科学

15 世纪，奥斯曼帝国的科学明显衰落时，主要的科学中心之一是位于伊斯兰世界最东部的中亚。在撒马尔罕（当时是帖木儿建立的帖木儿帝国的首都），帖木儿的孙子兀鲁伯建立了一个著名的科学研究所和一个伟大的天文台，吸引了来自伊斯兰世界的许多顶尖科学家。

黄金时代

最初阿拉伯人征服了文化发达的希腊城邦时，他们对科学毫无兴趣。但是，公元 759 年随着阿拔斯王朝哈里发的到来，来自叙利亚和波斯等还保存有古代科学记录地区的团体在伊斯兰教中的政治分量增加，哈里发们开始为科学研究提供资金，使伊斯兰世界在至少 4 个世纪（9 世纪—13 世纪）内成为科学最发达的地区。这段时间被称为“伊斯兰的黄金时代”或“伊斯兰文艺复兴”。

光学

在穆斯林科学家研究的学科中，光学具有重要的地位。这个领域的研究和其他科学领域一样，是从希腊文献开始的。“光学之父”伊本 · 海赛姆在其最著名的《光学》一书中，分析了很多光学现象，其中就有折射定律。该定律在几个世纪后被荷兰数学家斯涅尔重新发现，被称为“斯涅尔定律”。

数学

伊斯兰科学家不仅翻译了许多希腊数学论文（从欧几里得的《几何原本》开始），还从印度人的记载中找回了源于希腊的知识，如计数法和三角学，这些成就在代数领域尤其重要。术语“代数”就源自波斯科学家阿尔 · 花剌子模（曾任“智慧宫”的负责人）主要著作的书名。

医学

伊斯兰医学基本上是以希腊医学为基础，特别是基于盖伦的研究成果。当盖伦的权威与他们自己的临床实践相冲突时，穆斯林学者会毫不犹豫地舍弃盖伦的权威改信自己，但他们并

没有尝试创建另一种通用理论。伊斯兰的医学著作，尤其是阿尔－拉齐和阿维森纳的医学著作，是中世纪晚期欧洲医学研究的重要来源。

岩石穹顶由阿拉伯哈里发阿卜杜勒·麦利克于公元 691 年委托工匠建造，直径为 20 米，高度为 35 米，是极具特色的金色穹顶。

在伊斯兰世界，由哈里发创建国家科学中心，专职的科学家们在此工作。例如，智慧宫（知识之家）是9世纪至13世纪（即所谓的“伊斯兰黄金时代”）巴格达的一个重要机构。

阿拔斯王朝哈里发推动的对希腊哲学和科学著作的翻译工作非常有价值，使王朝受益匪浅。翻译工作分两个阶段：750年至850年间，希腊语被翻译成叙利亚语；在随后的100年里，它又从叙利亚语译成了阿拉伯语。

天文学家利用从希腊译作中得出的球面几何概念，利用浑天仪测量了天球上星星的位置。

智慧宫

按照亚历山大里亚的模式，阿拔斯王朝的哈里发麦蒙在巴格达建立了智慧宫（也译为“知识之家”），伊斯兰教最伟大的学者都被吸纳其中。

智慧宫

智慧宫也可以翻译成“科学之家”，是当时所有科学知识的中心。该机构的核心是一座图书馆，与亚历山大图书馆一样，它不仅收集书籍，还出版著作和翻译作品。当时现存的所有希腊、波斯及印度科学著作都被翻译成阿拉伯文。学者们研究了天文学、地理学、机械学、光学、医学和其他学科，尤其是在数学领域发挥了特别重要的作用，如阿尔·花剌子模发起的代数研究，为数学增加了一个独立分支。智慧宫出现了好几个从事研究和翻译工作的家族，学者们研究并应用了希腊遗留的科学知识，部分借鉴了美索不达米亚文明和印度的传统。

在法蒂玛王朝时期，开罗也有一个与巴格达类似的机构：知识之家，它也是一个藏书非常丰富的图书馆。

图书馆同样也有希腊语、叙利亚语、希伯来语、科普特语、波斯语和梵语等作品。

天文学

伊斯兰天文学的基础建立在研究托勒密的成果之上，他的《天文学大成》书名翻译为阿拉伯文就是“伟大之至”的意思。然而，

麦蒙

麦蒙在813年至833年之间，延续了其父哈伦·拉希德发起的文化政策，对文化和科学给予了极大的推动，使巴格达成为其时代的主要文化中心。他推动了一项系统的希腊语翻译工作，将伊斯兰教各地的学者召集到巴格达，建立了智慧宫，并组织了一次探险活动，重复了埃拉托色尼对地球周长曾做过的测量实验。

该机构也是学者们居住的地方。

智慧宫最初是哈里发哈伦·拉希德的个人图书馆，他的儿子和继任者麦蒙继任后，扩大了这一文化场所，并为其提供了大量的书籍。

1258年，来自东方的蒙古人摧毁了巴格达，智慧宫图书馆的书被扔进了底格里斯河。据传，扔到河里的书籍多到墨水将河水染成了黑色。

智慧宫的学者们认为仅是研究托勒密的著作远远不够，还必须重复他所有的测量、观察和验证，并在必要时纠正他的结论。因此，新型独特的科学机构——大型天文观测台在巴格达和叙利亚分别落成，负责该项目的天文学家之一是法干尼，他把所有的测量结果都集中在一部伟大的著作《天文学基础》中。中世纪时，欧洲天文学家研究了他的成果。

工业技术

人们在智慧宫还研究了工业技术，其中最为著名的是巴努·穆萨三兄弟（他们还研究几何、天文学和其他科学）的《奇巧器械之书》。该书用大量插图描述了一系列复杂的机械和液压装置。基本的技术成分和装置达成的有趣的效果让人想起亚历山大里亚的希罗的发明，但展出的文物基本上都是他们原创，其中最具代表性的是一个会吹长笛的自动装置。

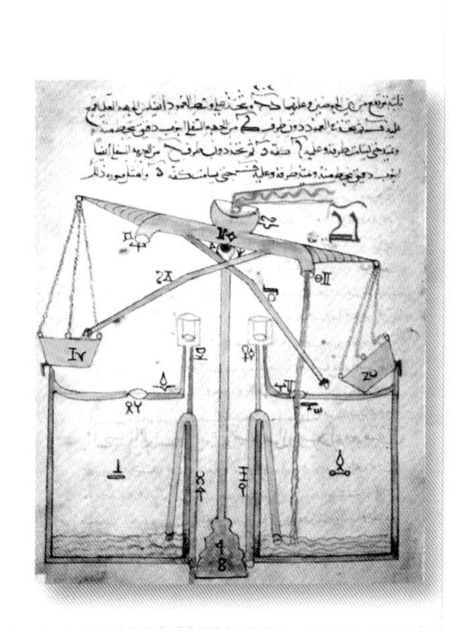

新的千年

人们对科学的兴趣几个世纪前已经消亡，在伊斯兰世界的交融和阿拉伯科学文献的翻译双重影响下才得以在西欧重现。

安达卢西亚科学

西班牙安达卢西亚地区拥有发达的文化和科学水平。当欧洲其他地区仍沉浸在农村化进程时，安达卢西亚的科学家则在忙着翻译希腊文和波斯文著作，研究着

所有的科学领域。像数学家和哲学家阿维罗伊斯、天文学家阿扎奎尔、社会科学先驱伊本·哈勒敦等阿拉伯科学家，以及像哲学家和诗人伊本·盖比鲁勒（拉丁名阿维斯布隆）、医生和诗人雅胡达·哈勒维、医生和神学家迈蒙尼德等犹太科学家，他们用自己的努力证明了在一个正常运转的社会里，信仰不同并不是阻止科学和文化发展的因素。

为了进行计算，算盘家使用了带有板面和线格的“算盘”。

1223年，神圣罗马帝国皇帝腓特烈二世在比萨举行的一次数学比赛中，算盘家（算盘的捍卫者）和算法家都试图捍卫自己的计算方法。

中世纪初期和中期

在中世纪早期（公元 1000 年前），欧洲文化处于一种灾难性状况。农民几乎都是文盲，但大多数贵族也一样，科学在人们的认知里已被完全遗忘。从公元 1000 年起（即所谓

为了抄写书籍，抄写员们使用钢笔、墨水、笔刀、直尺和打孔器，他们用这些东西打出小孔，用来作为在书页上画直线的参考。

的中世纪中期），随着贸易和城市的发展，人们对教育的需求渐长，在商业的紧迫要求下，学校也开始普及。通过与伊斯兰世界的接触，欧洲人开始了解到他们所忽视的科学。

修道院里为写作而保留的房间是手稿室。

》抄录和翻译

中世纪早期，得益于僧侣们不断复制古代拉丁文作品，古文化的记载在欧洲修道院中得到了保存，尤其在被称为学术与艺术中心的爱尔兰修道院，尽管这只是一项单纯的保存任务。从公元 1100 年开始，将阿拉伯科学作品翻译成拉丁文的工作开始了。众多学者云集西班牙，因为在这里可以找到许多科学名著以及精通阿拉伯语的翻译人才。

托莱多翻译学院由卡斯蒂利亚国王阿方索十世设立，是 12 世纪最重要的笔译和口译中心之一。翻译家们勇敢地接受了一项非常艰巨的任务：他们不得不挑战自我，把自己完全不了解主题（如数学和天文学）的作品，从阿拉伯语翻译成罗曼什语或普通拉丁语。为了将这些作品顺利翻译成拉丁文，他们发明了一些特殊的词语来指代从未用拉丁文表达过的概念。正是由于他们的努力（以及其他欧洲翻译家的工作），科学在欧洲才得以复兴。

两个世界之间的联系

基督徒与穆斯林之间的接触是多样化的。历史在双方多次战争（也带来许多文化接触）与和平的交替中前行。和平时期，丰富而频繁的商业活动为双方也提供了重要的接触渠道。西班牙和西西里岛先是被穆斯林征服，后又被基督徒征服，成为文化交流的特殊之地。在西班牙，许多穆斯林在被基督徒征服后，并没有跟随穆斯林国王逃往摩洛哥而选择留下。在欧洲其他地区，一些统治者（如神圣罗马帝国皇帝腓特烈二世，他也继承了西西里岛王国）则非常赞成两种文化之间的交往。欧洲第一所重要的医学院是萨莱诺医学院。据说，它来源于四名医生的偶然相遇：一位拉丁人、一位希腊人、一位阿拉伯人和一位犹太人。尽管这只是一个传说，却传达了一个重要的事实：不同文化之间的交流对于进步必不可少。

人文主义与文艺复兴

在15世纪，意大利出现了对古代文化的新兴趣，然后传播到整个欧洲。不为人知或只有阿拉伯文译本的希腊文本被复原，最终的文化和科学复兴开始了。

古代科学著作的恢复

人文主义者意识到，想要重新获得古代知识，不仅需要阅读尽可能多的作品，还必须找到原始文本，且不能满足于通过阿拉伯语进行第二或第三手翻译进行研究。他们认真翻阅了古修道院的图书馆藏书，并恢复了在西欧几乎完全被废弃的希腊文研究。在他们发现的原始文本的作品中，有欧几里得、阿基米德和阿波罗尼乌斯，人们对他们作品的研究为现代科学的诞生做出了重要贡献。

在中世纪，几乎所有在修道院中抄录的文字都是文学或哲学著作，但人文主义的兴起重新燃起了人们对科学作品的兴趣。

阿基米德被佚失的作品

羊皮纸是中世纪早期使用的书写材料，由于价格非常昂贵，僧侣们就用回收旧书来代替购买新的羊皮纸。他们用浮石擦去认为无用的书籍中的文字，在上面另抄下新的文字，通过这种方式获得的书籍被称为“重叠抄本”。1229年，在君士坦丁堡，一位僧侣擦掉了阿基米德的作品，在原获得的羊皮纸上抄录了一份宗教文本。1899年，有人注意到这卷上残留的一些文字是关于数学的。丹麦学者海伯格发现底层残留的文本与数学研究有关，仔细辨认后发现它们竟然是阿基米德的作品。他设法读懂了它们的部分内容。这部手抄本后来被盗，失去了踪迹，直到1998年，它在一家著名的拍卖行中重新出现。通过复杂的技术方式，阿基米德的文本几乎被全部读出整理后出版。

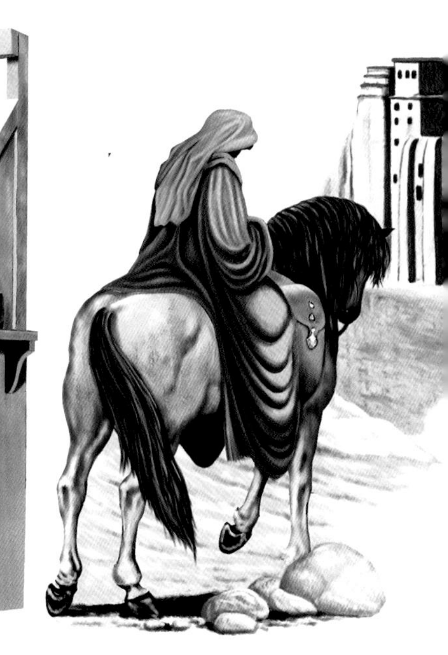

拜占庭移民

15 世纪初，拜占庭帝国的疆域已缩小至君士坦丁堡及附近，它被土耳其人征服（事实上 1453 年就已成事实）只是时间的问题。在这种情况下，许多拜占庭的知识分子更愿意定居在意大利，在那里，他们积极地教授希腊语和翻译科学著作。他们的贡献对于文艺复兴的出现至关重要。

1998 年出现在拍卖会上的 174 片阿基米德手抄本的碎片之一。人们通过紫外线分析，发现在右侧页面的顶部有一个螺旋形图案。

人文主义革命

古典时代（非基督徒）作家的复兴不仅在文化和科学领域，而且在法律、政治和道德等领域都改变了人们原本的认知。人们与神学中心论的观点彻底决裂，神学中心论将上帝作为所有人类未知或无法解释的现象的解释，从而限制了科学研究。

人们认为，15 世纪从君士坦丁堡带到意大利，再从那里带到欧洲其他地方的许多手稿，在几代人的时间内就已经佚失。

科学复兴

科学复兴的一个关键因素是研究古代文献的学者和艺术家之间的交流，后者意识到古代知识对他们的艺术是有帮助的。如，透视学吸引了画家们的目光，解剖学引起了画家和雕塑家的兴趣，机械学使建筑师们受益颇多。在古老文本蕴含的知识与艺术家和工匠所提出的问题碰撞中，现代科学诞生了。

现代科学的发展

在16世纪和17世纪爆发了一场科学革命。这场革命始于尼古拉斯·哥白尼，他提出了一种理论，取代了之前人们熟知的宇宙学理论。

17世纪的黄金时代

17世纪科学的非凡进步是通过系统地使用实验方法实现的，这种方法古人曾经使用过，在消失1000年后的16世纪，某些科学家又开始重新使用这些方法。借此取得的重要发现，允许人们创造出日益复杂和完善的仪器（如显微镜、望远镜、气压计、温度计、空气泵……），通过这些设备再获得新的科学成果并做出新的发现。

科学在生活中的实际应用被证明非常有效，并具有巨大的经济和政治价值（最初实用的是航海技术和火炮），这让统治者真切意识到：资助科学研究，建立研究中心、天文台、图书馆等非常有必要。

英国博物学家罗伯特·胡克绘制了细胞图。

艾萨克·牛顿的一项著名实验：将一束光穿过棱镜，从被照亮的白色屏幕上观察颜色的分散。

牛顿和胡克

17 世纪初，意大利成为主要的科学中心，但到世纪末，科学中心变成了法国、荷兰，尤其是英国。英国科学家中最著名的是艾萨克·牛顿，他发现了太阳的引力，因此成功地推论出了行星运动的特点。但是，牛顿并不是这个时代唯一的一个有贡献的科学家，罗伯特·胡克也不能被遗忘，他在许多领域都做出了重要贡献，也是一位杰出的科学家和发明家。

罗伯特·胡克是 17 世纪科学革命的关键人物之一。英国皇家学会委托他设计和准备实验，在每周的会议上向参会者展示。

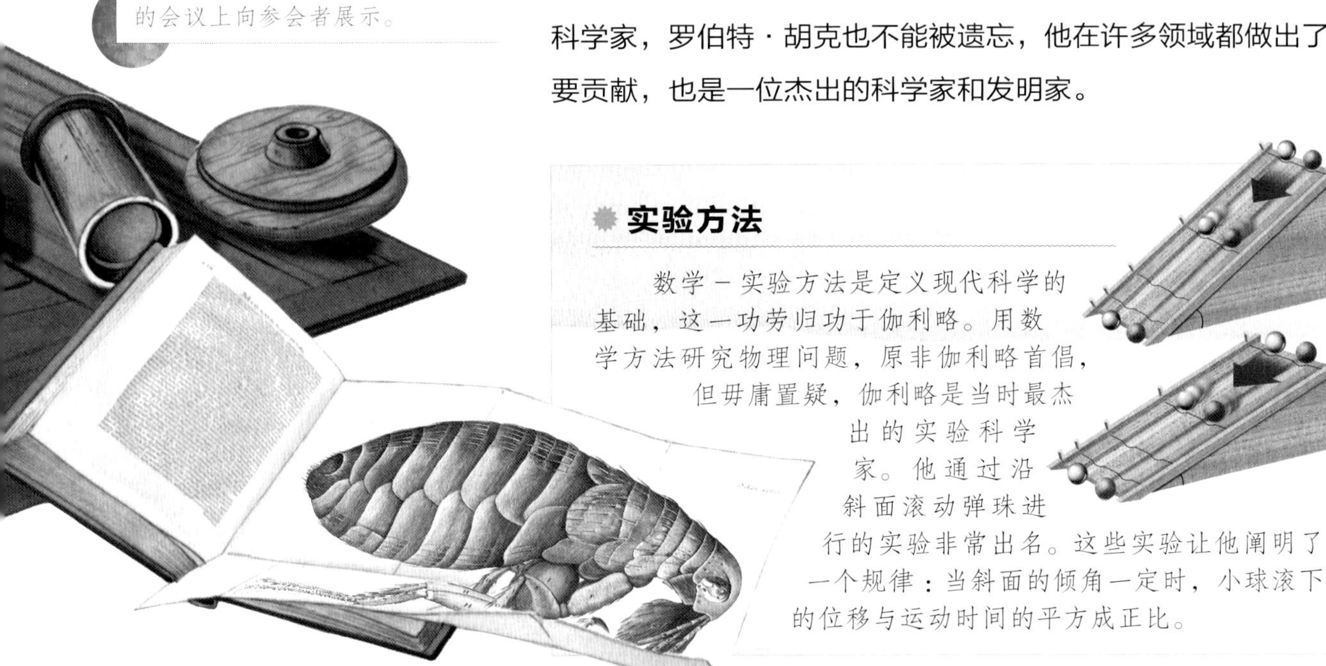

实验方法

数学－实验方法是定义现代科学的基础，这一功劳归功于伽利略。用数学方法研究物理问题，原非伽利略首倡，但毋庸置疑，伽利略是当时最杰出的实验科学家。他通过沿斜面滚动弹珠进行的实验非常出名。这些实验让他阐明了一个规律：当斜面的倾角一定时，小球滚下的位移与运动时间的平方成正比。

》教会、乔尔丹诺·布鲁诺和伽利略

16 世纪和 17 世纪的教会对亚里士多德的很多观念深信不疑，这期间恢复的一些古代科学观念（如太阳是众多恒星之一）与教会宣讲的教义相矛盾。尽管当时几乎所有的科学家都是宗教的忠实信徒，但这并没拦住他们追求真理的决心。因此，一些可怕的事情发生了：捍卫和发展哥白尼日心说的乔尔丹诺·布鲁诺被烧死在罗马鲜花广场；伽利略被宗教裁判所审判有罪，为了避免悲惨的下场，伽利略违心发誓放弃对日心说的信仰。

法国物理学家布莱兹·帕斯卡的大气压强实验是实验方法在 17 世纪开始成为常态的代表性例子。

他们在死火山所进行的实验测量了海拔超过1000米处的大气压力，证明是大气的重量让玻璃管内液体始终维持在一个高度。

包括哥白尼和牛顿在内的许多科学家，在各自最著名的作品中都明确引用了对其理论产生影响的古代学者思想。

古文明认知的缺失

现代科学的奠基者们都很清楚他们对古文明的认知不够，但这种共识随着时间的流逝逐渐被遗忘，甚至被否认，科学理所当然地被人们认为是现代的产物。

宝贵的遗产

现代早期的科学家们心知肚明，他们掌握的许多知识都来自古老的科学著作。例如，哥白尼在其著作的序言中写道，当他从先贤者的著作中读到地球不是静止的而是围绕太阳旋转时，就很快深刻地理解了这一观点。一些科学家则致力于翻译旧著作，如埃德蒙·哈雷（发现了第一颗周期彗星，并以他的名字命名）就把关于希腊天文学家及数学家梅内劳斯的几何作品译成拉丁文。但同时，科学的古老性也会被夸大，如牛顿就非常崇拜古埃及人的智慧，并认为引力理论（由牛顿发现的）可追溯到毕达哥拉斯时代。

建筑复原。

发掘是最重要的考古方式，人们通过建筑、制成品、文字等物质遗迹研究过去的文明和文化。

站在巨人的肩膀上

12 世纪，法国沙特尔的伯纳德声称，并非是当代的科学家们更优秀，而是因为他们的研究“站到了巨人的肩膀上”，这就像一个侏儒站在巨人的肩膀上自然可以看得更远。这个比喻被许多作者（包括牛顿）采用，他们希望调和古代人和现代人孰更具优越性的争论。

现代人很难评判古希腊人所获得的知识高度，因为他们的著作仅流传下来一小部分，而且还被后来的译者经常修改。

民主：希腊所赠予我们的礼物

在古希腊人所馈赠给我们的所有礼物中，民主思想以及科学方法具有特别重要的意义。如怎样证明统治者对被统治者具有权威性呢？在希腊以外的其他文明中，权力被认为是神圣的，这一观念已经传承到了现代（例如，日本的天皇在 1945 年之前一直被认为是“神圣的”）。然而，统治者的权力因人民的共识而合法化的想法产生于希腊文化。它在法国和美国革命后能重新出现在现代西方世界，说明这些革命者对古希腊思想有着深刻的理解和领悟。

测量和清洁。

日常装置的安装研究。

古今之争

17 世纪末期，崇今还是崇古在法国引发了一场著名的争论，争论的焦点集中在究竟是古代人的智慧优于现代人，还是现代人比古代人更聪明。由文学界掀起的这场争论逐渐蔓延到了其他领域，甚至还卷入了法国以外的学者。到了 18 世纪，捍卫现代人优越的观念占了上风，那些认为应该模仿古代作品的古典主义者偃旗息鼓，同时，人们还否认了对古希腊的文化缺乏认知。尽管文艺复兴时期最伟大的透视画家皮耶罗・德拉・弗朗切斯卡意识到，恢复一些古老的技术很有必要，但有更多的人宣称古人并不懂透视技术。

哥白尼在 17 世纪被认为是阿里斯塔克斯（最早提出日心说理论）的追随者，但到了 18 世纪，阿里斯塔克斯则成为哥白尼的“先驱”，哥白尼被认为是一个全新的现代理论的作者。

“世纪之敌”

伏尔泰忠诚捍卫着一种观点，即现代人的理论更具优越性。尽管牛顿本人认为引力理论可以追溯到毕达哥拉斯，但伏尔泰却说，这位英国科学家（牛顿）是在看到苹果掉落时，才想到的这一理论。路易斯・杜滕斯（(Louis Dutens）则不然，他反驳说许多被认为是现代科学思想的学说都有着古老的渊源。伏尔泰在与杜滕斯论战时，不仅指责他是白痴，还宣称他是自己世纪的“敌人”。

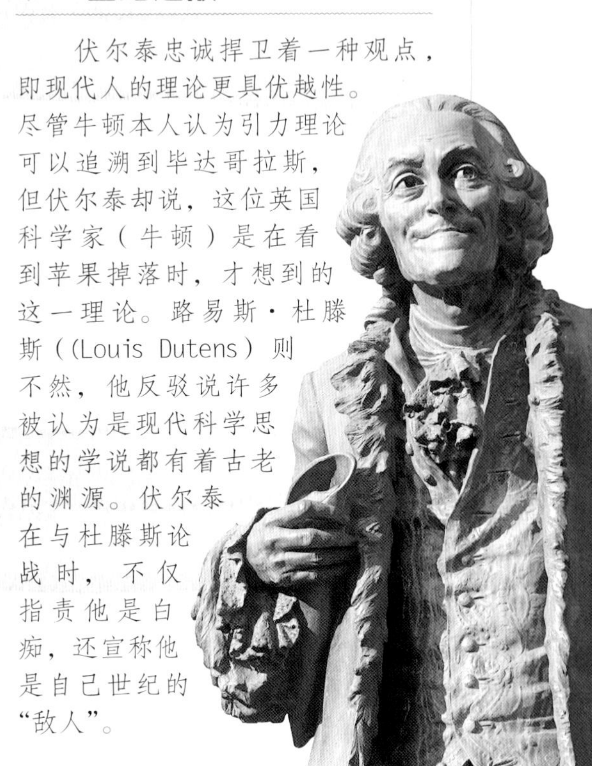

NO.2

机械和仪器

在公元前 4 世纪末到前 2 世纪之间，人们发明和制造了许多机械和仪器。比如“安提凯希拉机械装置”就是一个很好的代表，它是一个超级天文计算器，但长期以来人们低估了其复杂性和效率。复原后，通过复杂的齿轮系统，它可以预测太阳、月亮和五个行星的位置。

希腊技术

确切地说，技术与人类同时诞生，古典时期的人类就会雕刻石头。具有巨大意义的技术创新，如轮式运输或帆船，则可以追溯到史前时代。在希腊化时代，这一情况发生了质的飞跃，技术进步的步伐大大加快了。

新技术

科学的诞生催生了一种全新的技术：科学技术。技术进步第一次以理论为基础，使人们有可能在一个物体构建之前就能预测出它的运行方式。例如，如果决定制造一艘具有一定形状、尺寸和重量的船，阿基米德的流体力学可以告诉人们它是否能浮起来，以及船体从水中浮出的比例。只有计算结果令人满意，人们才会启动项目。

公元前 3 世纪，一系列新发明成批出现：齿轮和传动装置、能在液压缸中滑动的活塞和柱塞、阀门、螺旋桨、带螺母的螺栓、能够将旋转运动转化为交变运动的机械，以及直到今天仍具基本功能的发明，“安提凯希拉机械装置”是精密机器的代表作。同时，人类或动物肌肉力量以外的能源，如蒸汽、水力或太阳能，也开始被人们利用。靠旋转运动触发自动装置的机械也惊喜现世，如可连发的武器或水磨。最后，第一个“反馈”机制出现，它可以对施加的外力作出适当反应，使装置恢复到最初的状态。

自动化

建造能够替代人类劳动机器的愿望由来已久（从《荷马史诗》中就可以看到），但自动装置的具体实现是在希腊化时代。古罗马数学家亚历山大里亚的希罗在《机械集》中，阐述了如何制作一个能自动表演的迷你剧场。在这个剧院里，台词由机械自动背诵，自动机将势能产生的旋转运动转化为模仿人类行为的手势。然而，自动机械的制造初衷并不只是为了娱乐，希罗的研究成果之所以被保留下来，可能是在技术衰退时期（就像中世纪），人们对更具想象力、娱乐性和惊奇

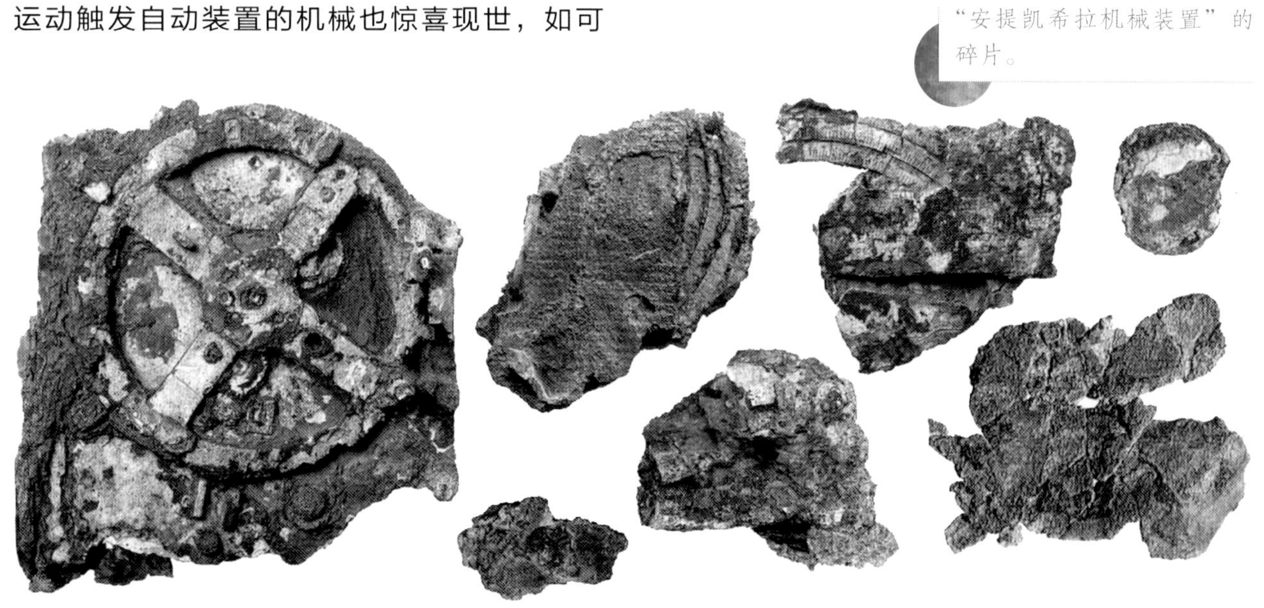

“安提凯希拉机械装置”的碎片。

性的机器热情度比有益于工作的机械更高，况且他们无法制造出任一种。

希腊化时代，许多可自动旋转的机器替代了人类的劳动。正如我们看到的那样，提水的机械就是这样。还有自动农业机械，它们将动物拖曳而产生的旋转运动转换为诸如碾磨或撒播种子等动作；连发式武器会自动加填子弹。据记载，水力锯虽然出现在相对较晚的时期，但也可能是希腊化时代的产物。

声学和剧院

古希腊涉及声学科学的书籍很少，但从现存的作品中，人们也可以了解这门科学所达到的水平以及它的一些技术应用，尤其是在剧院的建造方面。即使在今天，如果人们去参观埃皮达罗斯剧院就会发现，在舞台上低声说话，不需麦克风和扬声器，坐在最远处座位上的观众也能清晰地听到声音。声学效果不仅推动了剧院结构的进步，也使设计提高听觉质量的乐器成为可能。希腊剧院的观众席下安置有青铜“共鸣器”，它们是放大预设频率的空心声学容器。古罗马工程师维特鲁威的《建筑十书》明确地指出罗马剧院并没有这种技术。

新能量来源

传统上，人类总是使用相同的能量来源，如靠自己或动物完成各类任务、用植物做加热和烹饪的燃料、利用风来航行等。科学兴起后，人们惊喜地发现，生活开辟了一系列新的可能性：机械学的发展，使得将简单的旋转运动转化为其他类型的运动成为可能，动物完成了以前只有人类才能完成的工作，例如取水和磨面粉。

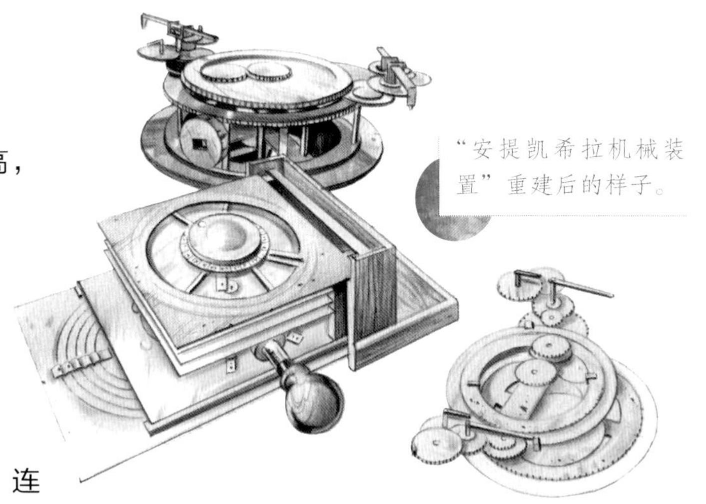

“安提凯希拉机械装置”重建后的样子。

此外，水力等新能源开始被利用，河流或瀑布的水被用来为碾磨谷物的磨坊提供动力。希罗在其著作中提到了“风轮”，这引起了我们的好奇心：它是否会像风车或风力涡轮机那样利用风能产生旋转运动。我们也知道了蒸汽驱动的机器的存在：它们的唯一目的是使人们惊奇（像希罗描述的几乎所有设备），但也不排除在希腊化时代，他们试图将蒸汽用于其他目的。

利用镜子使物体燃烧反映了人们对太阳能的创新性利用，尽管阿基米德曾用这一方法烧毁敌船已经成为传说的一部分。希腊数学家、物理学家狄俄克利斯在《取火镜》里解释了它的操作原理，并展示了凹面镜能将太阳光线集中在某一点的功能。因此，我们有理由想象这些机械的制造还有其他目的，也许是为了获得替代性燃料。

供水技术

水力运输技术也发生了根本性变化。人们把水泵装在取水器中，利用水流自身的能量把水提升到高处。在亚历山大里亚，一条地下运河网络将尼罗河的水分配到各家各户（或上流社会的住所）。水在净化到可以饮用的标准后再进行分配，净化时将水中的悬浮杂质沉降在特殊的蓄水池。许多希腊城市中都记录了类似的蓄水池。

水能利用

新技术制造的机器，对提高水的利用能力非常有效。人们惊喜发现利用这些新机械可以轻松完成灌溉、清理沼泽、排水和其他任务。

叙利亚哈马奥伦特河上的大型运水装置，至今仍然存在。这是一个令人印象深刻的结构，它由直径20米的大砂轮和120个集水器（水桶）组成，是世界上最大的运水轮。

波斯轮

在埃及，如何抬高水位是一个亟待解决的问题。以农业为基础的尼罗河流域，水量常常要么不足（常有数量巨大的田地需要浇灌），要么过量（丰水期必须排除多余的水）。传统上，后一项任务通常是由男人用水桶舀水来完成的。希腊化的新技术使动物的劳动力可以通过引进波斯轮来实现。波斯轮是一台由水平旋转的车轮（动物带动旋转）和齿轮系统组成的装置，齿轮系统将运动转移到垂直轮上，垂直轮上固定有水桶，水桶转到底部时自动注满水，旋转到高处时则自动排空。

阿基米德螺旋抽水机

希腊化时代引入的另一种提高水位的机器就是所谓的“阿基米德螺旋抽水机”（据说是他发明的）。这是一种简单巧妙、类似耳蜗的机制：无须使用水桶，通过螺旋形内部结构的旋转，就可将水运送到一个倾斜的管子里，无须使用水桶即可将水直接通过斜管提起。水通过此装置会一直流动。

历史学家狄奥多罗斯·西格斯将螺旋抽水机的发明归功于阿基米德，他说这种仪器被用来灌溉尼罗河三角洲的耕地、清理西班牙的矿井的废水。除此之外，人们排除船体进水时也会用到它。

为了驱动波斯轮，人们利用一些动物代替人的劳动：马、骡子、驴、牛，甚至骆驼。

维特鲁威在其专著《建筑十书》中介绍了用于抬高水位的装置及其组成部分。

水车和水鼓

水车借助安装在大轮子上的一系列水桶从河里提水，因此，这项工作是通过河流自身的力量进行的。维特鲁威描述的水鼓也采用相同的原理：它由一个绕水平轴旋转的圆筒组成。这种机械有叶片，当水流通过时，叶片开始旋转。圆筒被分成多个隔室，底部充满了水，叶片旋转时驱动水向上运动，进入小通道。

古代科学的应用

马利机器

17 世纪末，路易十四下令建造凡尔赛宫时，设计者面临一个难题，即如何将塞纳河的水引入王室宅邸、马利水库，尤其是王宫花园，那里将设置大量的喷泉和水景。为了实现这一目标，设计者必须克服 63 米的高度差。借助了 14 个大水轮后，人们最终利用河流本身的落差解决了这一问题。这些机器与旧的螺旋轮有很大的不同，它们带动 221 个泵产生的水力，把水送上 162 米高的地方。考虑到水泵和水车都可以追溯到希腊时期，我们就会意识到，17 世纪末时的技术与古代先进的技术相比并没有什么变化。1817 年，这一机械系统被蒸汽机取代。

波斯轮、水车轮和螺旋轮

从远古时代到今天，波斯轮、水车轮和阿基米德螺旋轮一直被人们所使用，尽管近几十年来的趋势是用电动机替代人力或畜力驱动。例如，在荷兰，排水就用由电机驱动的阿基米德螺旋轮。以动物作为主要劳动力的萨基亚人仍在印度、中东地区的国家利用这些机械。在叙利亚的哈马，奥伦特河上仍然保留着 17 个螺旋运水轮，仅是出于美学目的而保留。

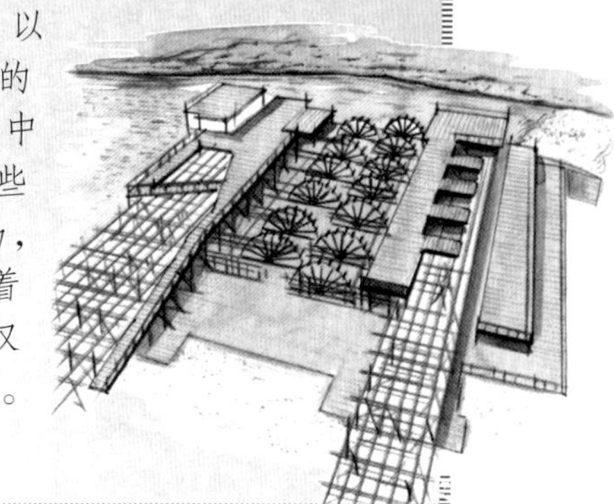

运动传递

古希腊发展起来的机械技术，旨在解决将运动从一个轮子传递到另一个轮子，或从一个轮子传递到具有线性运动的结构，齿轮是这种系统中的关键部件。

齿轮

在公元前 3 世纪，车轮和齿轮就已经出现。最古老的车轮是木制的巨型轮子，但后来同一类型的轮子被用于水磨。在这两种情况下，齿轮的功能都是在正交轴之间传递运动。齿轮也可以不同速度旋转的车轮之间传递运动。如具有减缓运动速度功能的减速齿轮（例如在里程表中，测量物体行驶距离的仪器），为举起重物而设计的齿轮组，这种应用也用于制造小型金属齿轮。如果齿轮与齿轴（齿条）完全啮合，旋转运动就会变为线性运动，反之亦然。

通过使用滑轮系统，可以减少提升负载所需的力。

其他想法

在车轮之间传递运动的另一种方式是将它们固定在同一轴上。如果它们是有齿的，可以通过与齿啮合的驱动链来连接。如果它们没有齿但带有凹槽，则可以将它们用皮带连接，通过摩擦传递运动。所有这些运动传递形式在希腊化时代就被记载了下来。

摩擦机制让以不同速度旋转的两个轴的运动逐渐联合在一起。发明家希罗在建造自动装置时就利用了摩擦力。

内米船中的转盘

“内米船”是罗马皇帝卡利古拉曾命令工匠建造的两艘大船，据说有可能是在内米湖中举行仪式所用。这两艘船在卡利古拉死后不久被故意击沉，经过多次不成功的尝试后，人们先后于 1929 年和 1932 年将它们打捞起来。在船上，人们发现了一些到现在仍可旋转的圆形转盘，它们靠青铜制成的轴承支撑：这种转盘是一种在现代也能见到的球形轴承系统。

古代科学的应用

中世纪齿轮和现代齿轮

人们对齿轮的记忆从未被完全抹去，至今在水磨坊中也常见它们的身影。在整个中世纪，水磨坊一直不断地被建造和使用，然而，这些磨坊只有两个相互啮合的大木制齿轮。14 世纪，带有更多金属齿轮的复杂齿轮开始在欧洲出现，它们被用来展现天体运动，也成为大型机械塔钟的基本部件。

1623 年，德国数学家威廉·席卡德建造了第一台用齿轮运作的机械加法器，起名叫做计算钟。只从名字就可以看出它与钟表的密切联系。1642 年，法国科学家帕斯卡建立了一个类似的计算器，尽管性能不佳，但得益于帕斯卡卖力且到位的宣传，以至于重新被发现的席卡德计算钟被大家遗忘了。

随着工业革命，齿轮逐渐成为许多机器的基本部件。19 世纪，古老而复杂的差速器也得到了恢复。

球滚珠或滚动轴承

球轴承或滚子轴承，由两个同心圆环组成，其间放置了一系列的轮子或滚子，其目的是减少旋转轴和其支架之间的摩擦。这种机械装置可追溯到古代：人们在公元前 700 年左右的凯尔特人战车上发现了滚珠轴承（木头）的残骸，罗马时代也发现过使用滚珠轴承的遗迹。

第一个现代滚动轴承可能是由英国钟表匠约翰·哈里森（解决了经度测量问题的著名机械表制造商）制造的，直径仅 13 厘米的怀表 H4 获得了英国经度委员会的认可。1794 年，英国人菲利普·沃恩获得了首个滚动轴承的专利。

齿轮的最常见类型是直齿型（粉红色箭头）。在螺旋齿轮（绿色箭头）中，齿锯与平面成一定角度。在圆锥齿轮（蓝色箭头）中，每个轮齿的倾斜度均为 45°，而轮轴之间的角度为 90°。

古代轴承和现代轴承的区别（如图）。

杠杆

杠杆这一技术在古代就开始使用，正是阿基米德在公元前 3 世纪取得了关键性的突破。他证明了杠杆定律，这使得设计许多不同的机器成为可能。

机械优势

当某个机器可以平衡力 F 和力 f 时，就有一个 F / f 比率，被称为“机械优势”。阿基米德的杠杆原理证明了设计和制造具有高度机械优势的机器是可能的：如可以制造 1 台 0.5 千克的重量平衡 1 吨重量的机器。在使用此类设备时，如果施加的不是 0.5 千克的力，而是稍大的力（要足以克服摩擦力），平衡就会被打破，1 吨重的东西就被举起来了。

撬动地球

古希腊作家普鲁塔克和其他作者提到过，当阿基米德意识到自己可以设计出具有巨大机械优势的机器时，他曾声称，如果在地球外给他一个支点，他就能够撬动地球。该插图再现了画家朱利奥·帕里吉在意大利乌菲兹美术馆数学展厅的壁画中对这一流行轶事的诠释。

古罗马历史学家波利比乌斯和提图斯·李维讲述了在罗马人围困叙拉古期间（前 212 年），阿基米德制造出来的“铁手”或“爪子”如何把一艘罗马船只从水中拉出，将其掀翻、沉没。

杠杆原理的应用：半径不同的两个轮子安装在同一根轴上，轮上附有两根绳索，上面悬挂不同的重量。如果重量与两个车轮辐条长度成反比，则可实现平衡。

》杠杆法则

假设我们将两个重物 P 和 p 施加到一个杠杆的两端，杠杆要在一个支点上可摆动。如果 d 是支点到 P 的距离，而 D 是支点到 p 的距离，则只有在 $Pd=pD$ 时才能达到平衡，这就是阿基米德证明的杠杆法则。由于两端到支点的距离 D 和 d 成为杠杆的两个力臂，因此，杠杆和支点相组合就能成为具有很大机械优势的机器，只要 D/d 的值足够大就可以了。

当然，杠杆轴必须是很坚硬的材质，即不能弯曲或断裂。实际上，只有在支臂不太长且重量不太重的情况下，杠杆才会起作用。

固定在两个不同轮子上的重量间的平衡。

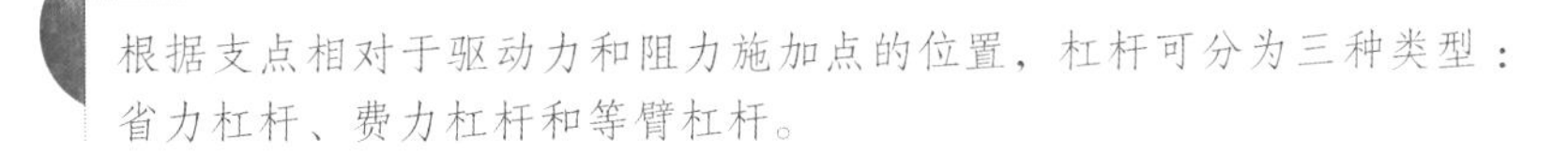

根据支点相对于驱动力和阻力施加点的位置，杠杆可分为三种类型：省力杠杆、费力杠杆和等臂杠杆。

》各种机器

我们说，杠杆只有在臂部不太长、施加的力不太大的情况下才有用，否则就不能使力在最方便的方向施加。为了获得良好的机械优势，杠杆原理应适用于比刚性轴有更大阻力的机器。例如，可以使用具有相同轴和不同半径的齿轮，或各种由几个滑轮甚至齿轮与齿轮组成的系统，阿基米德设计了多台此类机器。

橄榄和葡萄的压榨机

用于压榨橄榄和葡萄的压榨机，是螺旋和杠杆原理的应用之一。压力是由一个在螺纹中旋转的厚木质螺丝施加的，螺丝的转动要借助杠杆的杆子。它们出现在公元前3世纪（在托勒密二世组织的一次著名游行中曾展出过）。

具有代表性的压榨机于公元前3世纪出现。

起重和运输装置

古代机械科学发展的主要原因之一（倾向于技术发展）是人们想要毫不费力地举起或搬运重物。

升降机

在古希腊，基于阿基米德发现的杠杆原理，人们制造出各种各样的举重机器。这些举重机器通过绳索和轮子，将重物从机器的一边传递到另一边，平移运动的方向通过槽轮上的绳索可以随意改变。

人们将不同半径的车轮固定在同一轴上，或者将它们装上齿轮，通过啮合传动就实现了不同半径车轮之间的运动传递。如果给它们再开个沟槽，那就可以通过传动带将它们彼此连接起来。其中一些机器被认为是阿基米德本人设计的，特别是一种基于多个滑轮组成系统的葫芦机（仍用到了绳索和杠杆），还有希罗描述过的滑轮和齿轮。

罗马轮式起重机

罗马时代最强大的起重机是由一组大轮子（类似于现代的仓鼠轮）驱动，靠几个人在里面行走带动轮子旋转。巨轮旋转使绳索绕轴转动，最后通过滑轮把货物吊起来。该设备的机械优势至少要等于圆轮的半径与其轴的半径之比，将它与起重机组合起来，可增加提升的重力。

起重机

公元前 10 年，古罗马建筑师维特鲁威曾在其建筑手册里描述了一种起重机械，这种机械由桅杆、滑轮组、绞盘和绳索组成，可以吊起重物。在帝国时代，罗马竞技场就曾使用大型起重机将表演用的动物从地下室升至竞技场。2013 年，人们将其中一台能够吊起 3 吨货物的起重机在竞技场进行了改建并投入运行。

罗马竞技场中共有28个起重机，分两排放置，仅需 11 人转 12 圈就能把动物抬升至 7 米高的地方。每个起重机可以承载 200 千克的负荷。

罗马的哈特里乌斯家族（Haterii）墓（2 世纪）中留存的浮雕中详细描绘了人力脚踏式起重机。

起重机

起重机是阿基米德发明的起重机器，被希罗记载了下来。如图所示，它由多个大小不同的齿轮相互连接而成。根据智者帕波（Pappo）的说法，正是在机器发明之后，阿基米德才说出了那句名言："给我一个支点，我能撬起整个地球"。

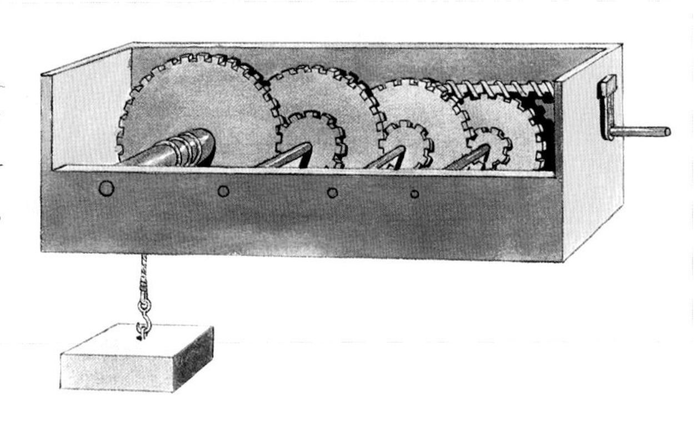

笛耳各斯

笛耳各斯（Diolkos）是从公元前600年左右到1世纪中期使用过的一条古道，它从伊奥尼亚海的科林斯地峡一直延伸到爱琴海。据推测，当时应该是运载货物的船只通过它穿过这片陆地，以避免绕过伯罗奔尼撒半岛。但关于这条道路的资料很少，考古遗迹也不清楚，人们虽然知道它是一条用石灰石铺成的6千米至7千米的道路，但如何构造尚不清楚。据一些专家说，沿着堤道有两条相距1.6米的平行沟槽，当时人们运输应该是通过车轮沿着这些凹槽滑动，这非常类似现代铁路轨道。目前的考古痕迹表明，其中一个凹槽有人为加工的痕迹，另一个则不太明显，可能是由马车的车轮造成的。但是，现代相关专家们也不完全确定，船只是否通过这条路线前行。

多亏了笛耳各斯的通行费收入，科林斯的暴君佩里安德才降低了对人民的税率。

古代科学的应用

自行车的齿轮比

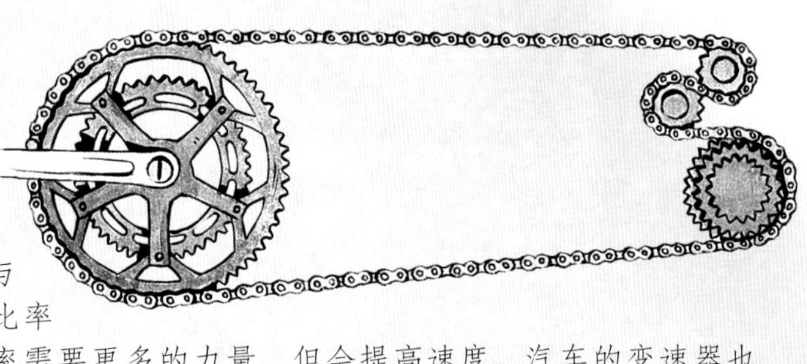

现代自行车上使用的齿轮比与古代许多起重机上使用的齿轮比非常相似。它们使自行车的机械优势（踏板的转数与车轮的转数之间的比率）得以改变。高比率使施加的力成倍增加，适合爬高；低比率需要更多的力量，但会提高速度。汽车的变速器也基于相同的原理。

机械装置

机械装置能够传递运动，并具备执行不同的工作将其转换为不同运动的功能，其中也包括实现非常复杂的运动。

娱乐机械

希罗描述了许多为娱乐而设计的机械装置，如在阳光下会冒泡的喷泉、会自动涌水的容器；各种动画，包括会唱歌的鸟儿、会喝水的动物和做出各种动作的人物……他还描述过一种游戏，如果举起一个苹果，一个大力士就会向某种蛇射箭。维特鲁威还曾讲述过一种有趣的时钟，预定时间一到就会出现人物移动、喇叭响起和物体掉落等现象。

科学机械

古希腊的人们设计和建造了许多可称为科学的机械装置。有些是用来说明自然现象的，如再现星体运动的仪器（阿基米德的天象仪和安提凯希拉机械装置）、通过加热或冷却来显示空气膨胀或收缩的温度计（如拜占庭菲洛的温度计）、希罗发明的汽转球（第一台蒸汽机）等；还有一些是用于测量的设备，如可以精确测量角度的测角仪，以及可以计算均值和比例的仪器。

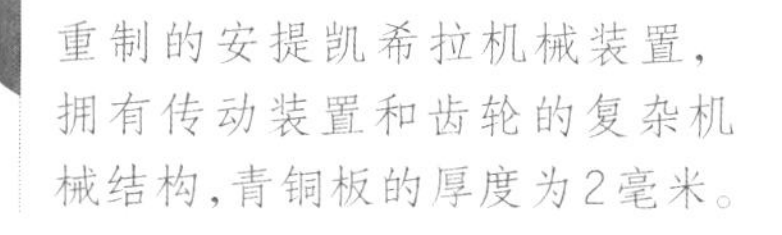

重制的安提凯希拉机械装置，拥有传动装置和齿轮的复杂机械结构，青铜板的厚度为2毫米。

一种螺钉的制造方法

希罗描述了一种建造大型木螺钉的方法。具体方法如下：用一个打磨良好的硬木圆柱体和一个呈直角三角形的薄金属片，用薄金属片包裹住圆柱体，使其底部与圆柱体的轴线位置平行。通过沿薄金属片斜边形成的圆柱形螺线，对木材进行雕刻，就可以获得螺纹。这种方法与在希罗之前几个世纪发明的小型金属螺钉并不相同。

老式水力锯木机

在杰拉什城（位于今约旦境内），人们发现了公元6世纪拜占庭式水力锯木机的遗迹。该锯木机由一个直径约4米的垂直轮驱动，水流通过管子到达该垂直轮。通过曲柄系统，轮子的运动被传递到两个垂直锯中。同样，在以弗所（今土耳其境内），人们也发现了这类锯子，土耳其弗里吉亚古城希拉波利斯石棺的浮雕中，记录了3世纪时存在的其他类似的水力锯木机。

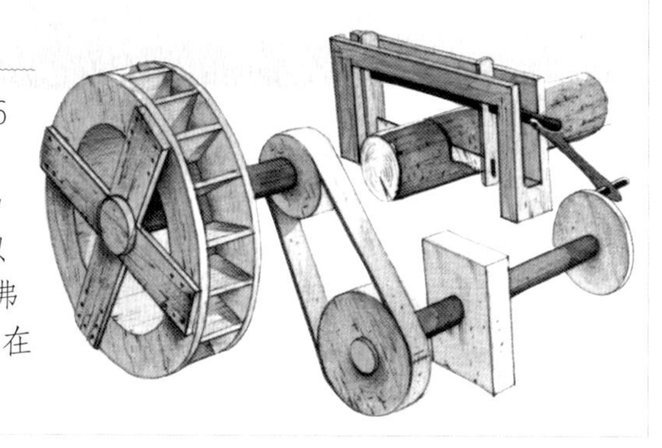

古代科学的应用

古代的曲柄机构

长期以来，人们一直认为将旋转运动转化为交替的直线运动，或反之亦然的曲柄机构是现代或中世纪后期的发明，实则不然。实际上，这种机构不仅在上古晚期的水力锯木厂中有记载，在希腊化时代也有记载。如，希罗在他的管风琴中就使用了这种装置：风动轮的旋转运动被转移到活塞的往复运动中，活塞在圆筒中运行，将空气推进管风琴中。希罗所描述的许多自动机只能通过将旋转运动转化为交替的直线运动来发挥作用，反向转换较为罕见。反向转换最早可能出现在踏板式车床上。

曲柄连杆机构中的交替和旋转的直线运动。

现代的科学复苏

随着工业革命的发展，发动机出现了，首先是蒸汽发动机，然后是内燃机和其他类型的发动机，其“中枢”活塞在气缸中的往复运动需转换成曲轴的旋转运动。在这种情况下，曲柄连杆机构必不可少（如下图所示），使用已经普遍化。将该机构与它的新用途关联起来，在学者们的认知里，它就成了一项现代发明。

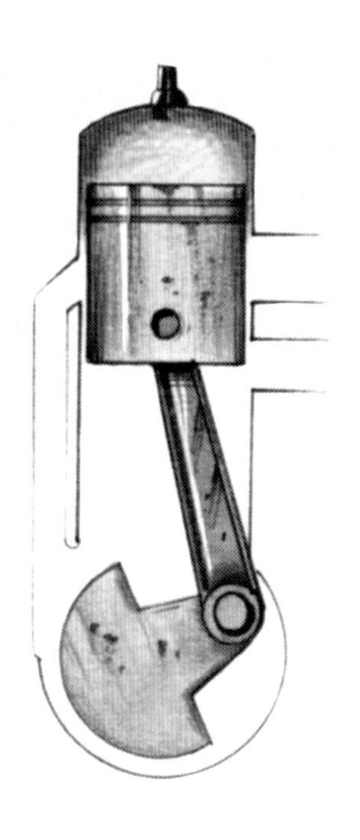

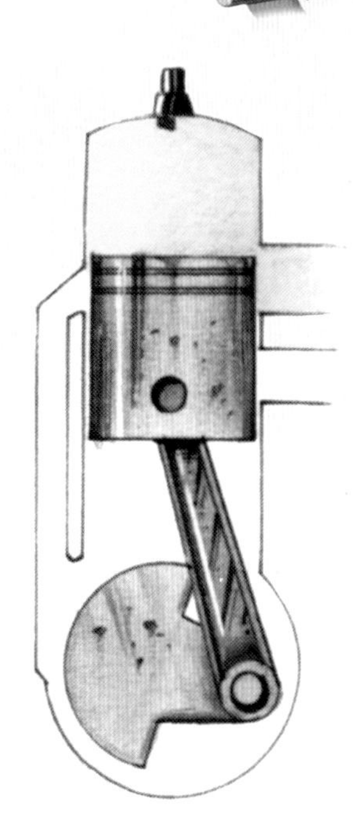

差速器

差速器（如上图所示）这种机构，使相当于两个运动之间差值的旋转运动成为可能，目的是将一个旋转运动分解为两个平均值等于初始运动的运动。如今，它广泛应用于汽车中，作用是在转弯时调整外轮和内轮之间的速度差。尽管差速器起源很古老，但在现代，它首次出现在天文馆中。

自动装置

自动化是由机械装置完成原本必须由人工来完成的工作，它是古希腊科技中令人印象深刻的创新之一。

希罗的自动装置

希罗自动装置建造方面的成果是古代建造自动装置的主要来源，尽管他发明的自动装置只是为了娱乐，而不是为了工作。他的自动装置功能就像小剧场里的演员。一场演出由几个舞台组成，每个舞台上都有能够做出各种动作的自动装置。每一幕结束时，幕布就会落下，不久之后就会为下一幕升起。希罗给我们留下了其中一场演出的详细描述：海神波塞冬的儿子瑙普利俄斯，为了报杀子之仇，命随从在海边举起火把，令凯旋的希腊船队误以为灯塔而触礁沉没。

希罗的自动水槽

自动水槽是希罗在他的《气动技术》中描述的机器之一。机器的球体中含有浮石（在当时用于清洗），通过一个可以提供足够水的设备来洗手和洗脸。希罗对其进行了修改，使其方便安装：无须收集任何东西就可以让它工作，但需要将一个硬币插入插槽。他将设备改造成了类似于我们今天使用的自动售货机。

其他自动装置

尽管希罗剧院里的自动装置是为了娱乐，可它们也能完成一些工作，由此可以假设它们出现之前已经有自动劳动装置存在。从经济上讲，在人类的生产活动中，用机器替代人力劳动这一事实更为重要。通过简单的旋转运动就可提升水位的自动装置，就是我们已经熟知的例子。另一个例子是普林尼（以及几个世纪后的意大师建筑师帕拉迪奥）所描述的自动收割机：靠动物拉动，就足以将轮子的运动传递到自动修剪的齿耙和刀片上，实现自动割草的目的。

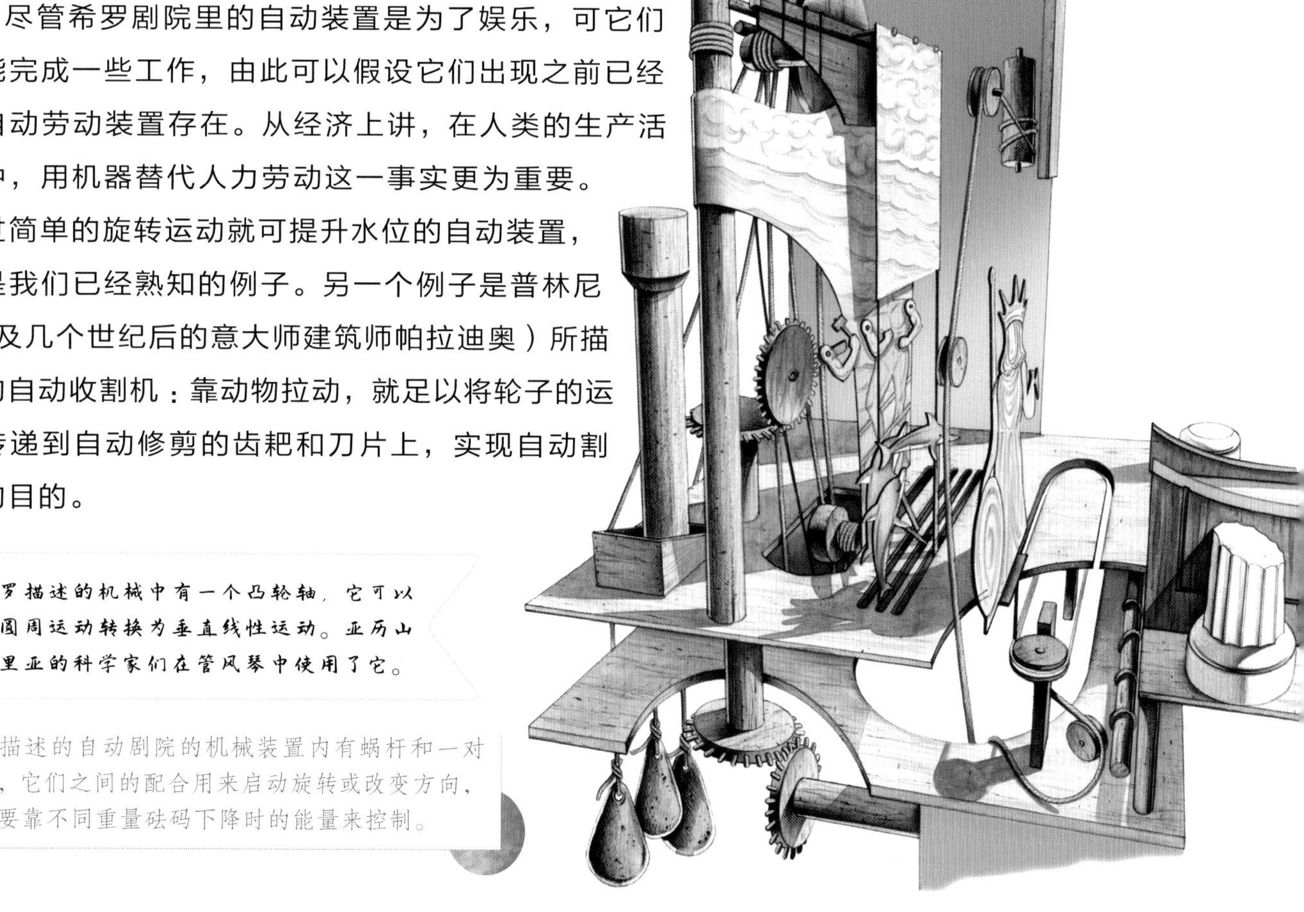

希罗描述的机械中有一个凸轮轴，它可以将圆周运动转换为垂直线性运动。亚历山大里亚的科学家们在管风琴中使用了它。

希罗描述的自动剧院的机械装置内有蜗杆和一对齿轮，它们之间的配合用来启动旋转或改变方向，操作要靠不同重量砝码下降时的能量来控制。

》自动武器

已知最早的自动武器是拜占庭的菲洛在公元前3世纪末描述的连发弹射器。它们被安置在罗得岛，可以快速连续发射多枚弹丸。每次发射时，内置的传动带和一系列设备都会自动将下一个弹丸置于发射位置。希罗对这个武器的记录非常地详尽准确，因此现代人们才能将这种武器重新制造出来。

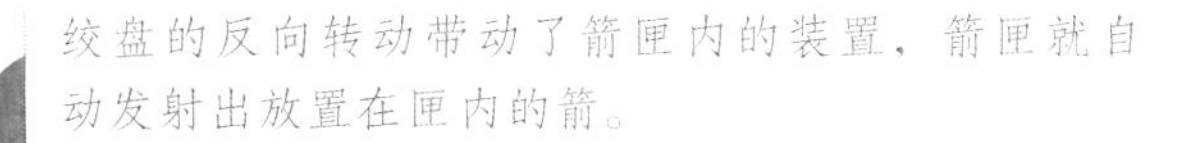
绞盘的反向转动带动了箭匣内的装置，箭匣就自动发射出放置在匣内的箭。

该武器是可拆卸的。

古代科学的应用

自动装置与现代自动化

希罗所描述的自动装置有着悠久的历史，且发展从来没有停止过，它通过拜占庭和伊斯兰文明传到了现代欧洲。在对自动装置感兴趣的伊斯兰学者中，哈扎里（Al-Khazari）脱颖而出。他的自动装置除行动自如外，还可以按照各种乐谱演奏打击乐器，其机制类似于现代八音盒。欧洲对自动装置的兴趣在文艺复兴时期被希罗作品的传播所唤醒。达·芬奇也曾设计过几种自动机械，但我们对于它们是否真正被造出来过却不得而知。

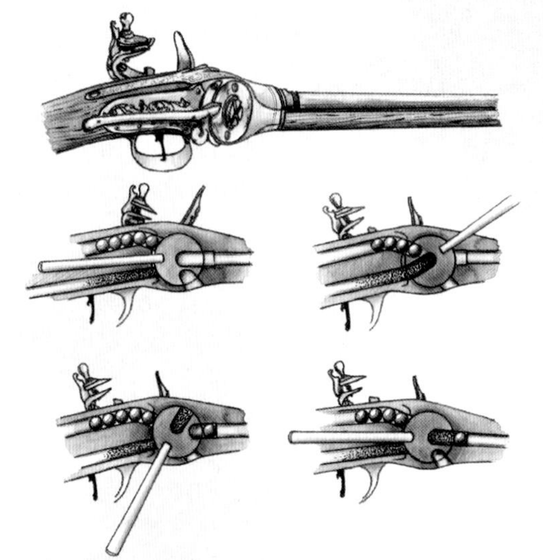

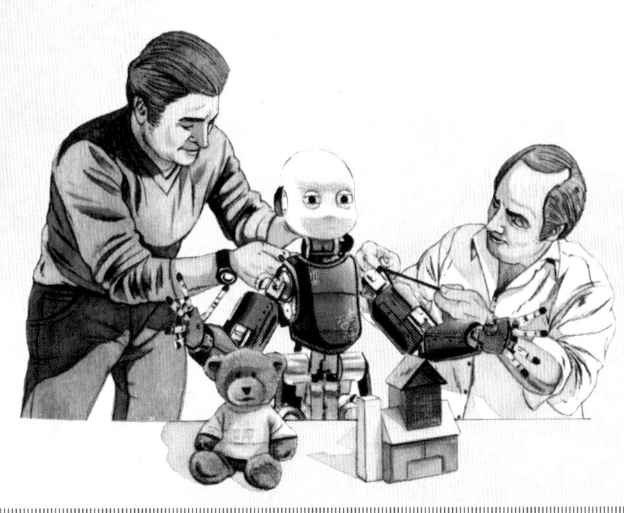

从工业革命开始，工程师们专注于设计生产型自动化机械。然而，人类对人形“自动机”也产生了兴趣，直到20世纪，它们被命名为“机器人”，并成为科幻小说中最受欢迎的主题之一。无论如何，在自动装置的设计中，古代科技对现代的影响持续了很长时间。

亚历山大里亚的希罗

古罗马数学家希罗出生于公元1世纪左右，也是活跃于其家乡亚历山大里亚的工程师、希腊技术的主要发明者之一。在《机械集》一书中，他首先描述了一些娱乐用途的自动装置。

自动装置

正如我们所看到的，希罗描述自动装置的目的是为了写他所认为的古人的戏剧性娱乐活动。但对今天的我们来说，有趣的并不是它们好玩的特质，而是这些机器的集成技术：通过一种机制，自动装置模仿了本应由人类执行的工作。

蒸汽的使用

希罗发明了两种蒸汽动力设备。第一种是通过点火的方式打开神庙的门：当装水的容器被加热时，热空气不断膨胀并占据更多空间，将水推到另一个容器中，利用容器的重量打开庙门。另一台机器是汽转球，将一个空心的球和一个装有水的密闭锅子用两个空心管子连接在一起，在锅底加热使水沸腾，大量蒸汽沿着管子进入球中，最后从球体的两旁喷出，推动球体转动。它单纯是一种新奇的玩物，并未予以任何实际应用。

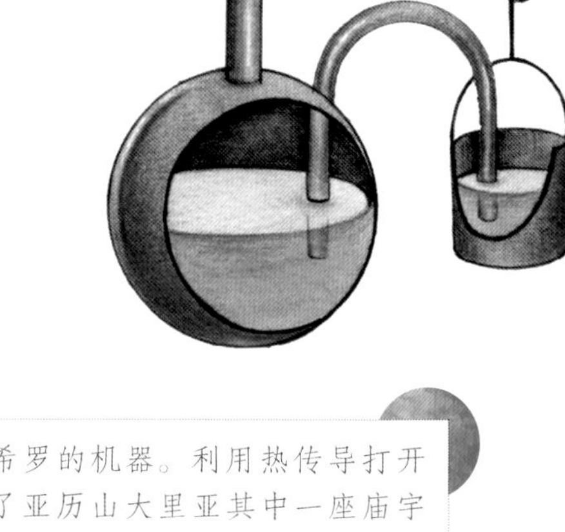

希罗的机器。利用热传导打开了亚历山大里亚其中一座庙宇的门，这被认为是蒸汽机的首批实例之一。

然而，人们不禁要问，蒸汽动力是否也曾被用于实用目的。历史学家波利比乌斯曾提到一台在游行中被展出的机器，这台机器向前移动时会发出一些类似鼻音的声音，也许它的发动机在某种程度上使用了蒸汽。

里程表

里程表是希罗发明的一种设备，类似于现代的里程表，用于测量车辆行驶的距离或道路的长度。它由一组齿轮装置组成：第一个齿轮与车轮相连，以与车轮相同的速度转动；车轮每转一圈，另一个齿轮就前进一个齿，显示车轮的转数和行走的距离。

“风轮”

希罗还描述了一种乐器，一种利用风力带动叶片轮发声的琴，这就是大家都熟悉的风琴。它在希腊语中的字面意思是“风轮”，虽然在其他任何已知的文字中都没有出现过，但即使如此，我们也必须相信，在希罗之前，风已被用作一种能源。第一台有据可查的风车是波斯人于公元 7 世纪建造的。

负反馈

希罗发明的许多机械具有负反馈，也就是说，它们能够对外部干扰做出反应，并返回到最初的状态。希罗只不过是传播和发扬了 1 个世纪以前的技术。

希罗的技术

希罗自动化机械的有趣之处在于它们所使用的技术。带螺母的精密螺钉、减速齿轮（相互啮合的齿轮以不同的速度旋转）、凸轮轴（能够将旋转运动转换为交替的直线运动，反之亦然），及各种类型的活塞和阀门……一些装置中甚至还采用了螺旋桨，特别是利用热空气上升产生的旋转运动。希罗还提到了具有自我调节功能的机械，可以风或蒸汽作为能源。他的这些“玩具”有时会发出口哨或其他声音。

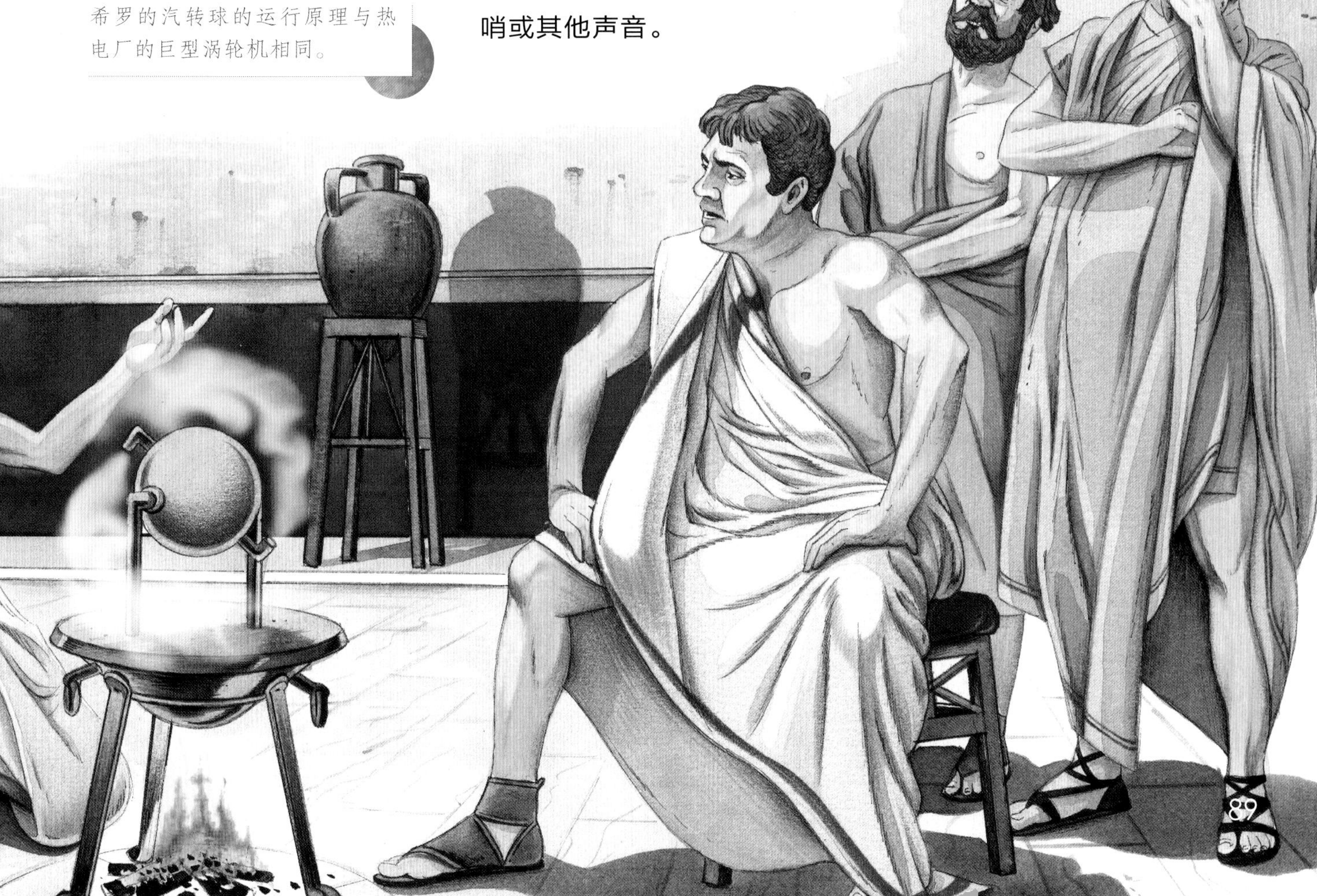

希罗的汽转球的运行原理与热电厂的巨型涡轮机相同。

液压和气动

希腊技术经常会用到水（液压）以及空气和蒸汽（气动）的特性。

活塞在气缸中滑动。

特西比乌斯水泵

公元前 3 世纪，希腊发明家特西比乌斯发明了灌溉泵（后来维特鲁威把它记录在了自己的作品中），它类似于现代的水泵，技术上使用了两个重要部件：活塞（在气缸中滑动，与壁紧密结合）和阀门。该泵由一根轴驱动两个活塞上下交替移动。当活塞上升时，气缸里的水被吸进去；当活塞下降时，水被排到中央管，然后从中央管喷出。阀门的作用是防止水流向相反方向。希罗修改了特西比乌斯的泵，使其成为一种更加巧妙的喷射器。

根据亚里士多德的解释（直到伽利略时期，人们一直都这么认为），空气没有“重量”，真空是不存在的。泵吸水，迫使水跟随活塞的上升而上升。

液压机构和温度计

发明水泵（以及稍后将要提到的水钟）的特西比乌斯发明了第一台带键盘的乐器——水力风琴。这要归功于凸轮的发明，通过凸轮，空气被锁进封闭的容器，容器内的气压恒定则由水来保持。这种机器被称为水压管风琴（或水笛），水力或液压的形容词就来源于此。

空气动力学的另一个古老应用是拜占庭的菲洛所记述的温度计，该装置是关于不同温度下空气的膨胀与收缩的，可用作基础温度计使用（菲洛的著作中提到它没有刻度）。

出自拉丁文法典 534 页，拜占庭的菲洛著作中“气动”部分的拉丁文翻译。

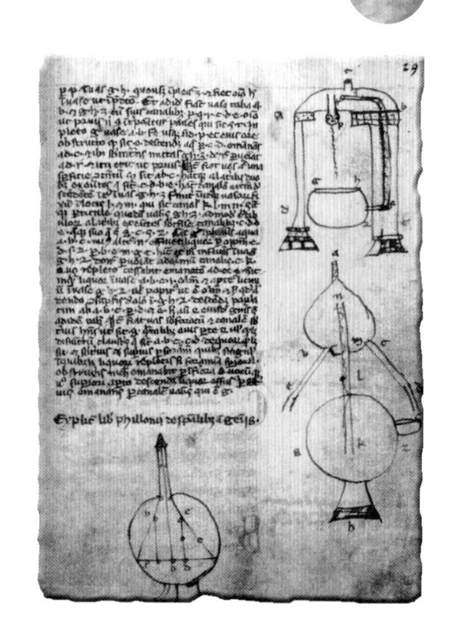

空气动力学实验

菲洛在著作中描述了一个众所周知的实验：将点燃的蜡烛放在盛满水的容器中，然后用一个倒置的玻璃罩盖住蜡烛。几秒钟后，蜡烛熄灭，人们就看到水被吸进了玻璃罩内。根据菲洛的说法，蜡烛燃烧的火焰消耗了玻璃罩内的“空气”，留下了一个必须由水填满的空间。但实际上，水被吸上去是因为当蜡烛熄灭时，空气温度下降、气压降低导致的。

古代科学的应用

现代蒸汽机

在近代早期，希罗的作品被重新发现，利用蒸汽作为动力的可能性又被唤醒。第一台现代蒸汽机是由法国人所罗门·德·考斯建造的，它被用来启动一个间歇性的喷泉，其灵感来自希罗。在整个17世纪，这种类型的蒸汽机不断被制造出来供人取乐，直到1705年，英国工程师托马斯·纽科门利用活塞和柱塞在气缸中运动的古老理念，制造了第一台用于工业的蒸汽机。随后，詹姆斯·瓦特完善了它。

现代机械和温度计

在罗马帝国和拜占庭帝国时期，特西比乌斯的液压装置一直被人们利用。公元757年，拜占庭皇帝君士坦丁五世将水力管风琴作为礼物赠予了法兰克国王矮子丕平。风琴就这样进入了西欧的传统，逐渐演变成了现代的风琴。伽利略在保存下来的文献的基础上，重制了菲洛的温度计，启动了现代温度计的演变。

詹姆斯·瓦特通过添加独立的冷凝室改善了托马斯·纽科门的蒸汽机，从而减少了因为连续温度变化所引起的蒸汽损失。

测量学与光学

在法老统治时代，埃及人就已经拥有基本的光学仪器，但发展了光学和测量学的却是希腊人，他们设计出更为复杂的仪器。

测量学和三角测量

最早的地形测量出现在埃及，人们在保存完好的埃及石板或壁画上发现了相关的表述。测量土地和规划建筑时，必须要先确定正交方向（即水平或垂直方向），为此，埃及人使用了一种叫格罗玛（groma）的勘测仪器，这种工具一直留存到了罗马时代。希腊时，人们采用了所谓的三角法：如果要在一个平面图上标出一块地方的所有位置（保持比例），就需要将其划分为三角形，这些三角形用易于识别的位置作顶点。如果现场计算出了一个三角形的单边，那么所有三角形的所有边都可以通过测量角度获得。因此，人们必须设计出能够准确测量任意两条线之间角度的仪器。

希罗所记载的屈光仪由一个带刻度的圆盘组成，圆盘上有一根杆子。它可以自由旋转，并带两个聚焦槽。

罗马人使用的测角器包括一个支撑臂、放置在其顶端的两个相互垂直的轴、轴四角悬挂的铅丝。它们成对使用，用来标记远距离点的位置。

屈光仪

屈光仪最初被希腊天文学家用来计算星星的位置，后被改造为测量工具，用于精确测量两条视线之间的角度，并被人们用来修建道路，甚至水渠。它由一个边缘带刻度的圆盘（测角器）组成，围绕两个正交轴旋转。用压力螺丝固定住后，它可以使用于任何位置。圆盘上方有一根杆，杆的末端带有标尺，其轴线位于中心。为了测量方向 A 和 B 之间的角度，人们首先将圆盘固定在由 A、B 和观察者的眼睛形成的平面上，然后将杆子指向 A 和 B，在测角器上读出两个方向之间的角度即可。

尼禄的祖母绿透镜

在古希腊，透镜被用来聚焦太阳光（生火），也可能被用作放大镜。我们从普林尼的著作中知道，罗马皇帝尼禄喜欢用祖母绿制成的放大镜看东西。这种“祖母绿”就成为一种特殊的透镜，普林尼记载下了雕刻师对祖母绿的使用方法。

古代科学的应用

经纬仪

16世纪的欧洲，人们开始研究希罗的著作。书内其中一章详细地描述了屈光仪，根据这一记录，人们开始制造屈光仪，虽与原来古代的版本没有太大变化，却被赋予了新名字：如1512年维也纳人马丁·瓦尔德·塞缪勒将他制造的模型称为“万用表”，英国人托马斯·迪格斯把自己在1571年建造的仪器称为“经纬仪”。这个命名无疑是成功的，一直被后世沿用至今。17世纪，人们对它进行了一些重要的改动，使经纬仪与最初的屈光仪有所不同：镜片取代了两个标记，标记杆被当时已经发明的望远镜取代。经过后来的改进，这一版本的经纬仪一直使用到20世纪。

经纬仪

望远镜

望远镜

第一个有记录的望远镜诞生于17世纪初的荷兰，它被用于航海。此后不久的1609年，伽利略改进了望远镜。起初，他将其用于天文学，并有了一系列的基础发现，这些发现彻底改变了该领域内人们对于宇宙的认知（伽利略是第一个观测到金星和拥有四颗卫星的木星的相位）。但是，这些17世纪的望远镜并不是历史上最早的，尽管没有相关的具体记录，但它们已经被谈论和书写了好几个世纪。例如，达·芬奇就提到过它们，而在13世纪，罗伯托·格罗萨特斯（Roberto Grossatesta）引用过一部希腊作品，也提出了关于类似仪器的主张，他认为这类仪器是亚里士多德的发明。

水钟

在古代，为了计算时间，人们用到了日晷（在夜间或多云时不能使用）和源自古代滴漏的水钟。

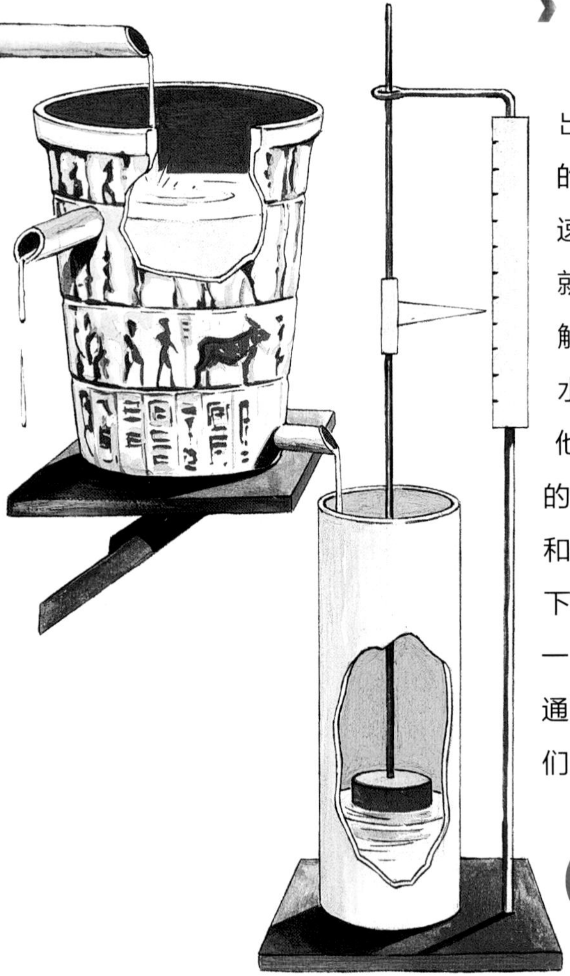

特西比乌斯的钟表

水漏壶有一个缺陷：水流出的速度不恒定。随着容器的排空和水压的降低，水流速度会越来越慢，时间计算就有误差。特西比乌斯通过解决这一问题发明了真正的水钟。从图中可以看出，在他设计的钟表中，水从上面的容器中流出，在恒定的流量和处在顶部附近放水管的作用下，容器中的水始终保持在同一水位。水落入另一个容器时，通过与指示器相连的浮子，人们就会看出刻度尺上的数字。

在特西比乌斯的表上，水位与经过的时间呈正比：浮子会升起，指示时间。

滴漏

滴漏是个很古老的东西，起初是一个装满水的简单容器，上面有一个孔，通过观察该容器中的水位或收集从该孔中流出的水位来计算时间。这种类型的漏壶虽可以追溯到古埃及法老时代，但在古希腊，它仍活跃在人们的日常生活中。

古代科学的应用

水钟的保存

中世纪时期，当拜占庭帝国和伊斯兰世界还在建造水钟时，欧洲已不再生产用于测量时间的仪器。作为长期的盟友，查理曼大帝与阿拔斯王朝哈里发哈伦·拉希德交换了许多礼物，哈里发在公元 807 年赠予了查理曼大帝一头非常罕见的白象和一个水钟，后者引起了查理曼大帝特别的兴趣，他开始命人制造水钟。

阿基米德的水钟不但不受恒定水流的限定，容器内还可以自动再次装满水。

阿基米德的创新

特西比乌斯的水钟很好地解决了出水速度恒定的问题，但只能用在水流量恒定的条件下。阿基米德发明了另一种可以自动定期往容器加注的水钟。水流入一个带有浮阀的容器，浮阀堵在流水的管子底部，底部只有一个供水流出的小孔。实际上，水自始至终一直都是满的：一旦水位开始下降，浮阀随之降低，补充的水流就从上部的入口进入。但因为容器底部的压力恒定，保证了出水的速度恒定。水箱里，有一个浮标与带刻度尺的指示器相连，可以确定测量值。阿基米德的水钟一经出现就备受关注，因为它的浮阀是第一个已知的带反馈机制的例子，它能够通过对倾向于改变系统的外部行动作出反应来恢复系统的初始状态。

阿基米德与特西比乌斯讨论他对水钟的改进意见。

天文仪器

从古代美索不达米亚文明起，无论是天文学家还是水手，都曾在各种观测天空的仪器的帮助下，利用天上的星体来进行定位。

象限仪

象限仪是最古老的天文仪器之一，一直被使用至现代。它由一个像测角仪那样的刻度盘和一个带有两个标记的杆组成，该杆可以在圆平面内围绕中心旋转。将仪器垂直放置（借助于铅丝），并使测杆指向某颗恒星，该星在地平线上的高度就可以在测角仪上读出。用肉眼观察时，测量的准确性取决于象限仪的大小，因此天文学家所使用的象限仪都很大。

古星盘由照准仪、金属盘（星图网格、地带）组成。以北天极为轴，星图网格可以绕轴心任意旋转。利用球极平面投影法，人们将恒星位置精确投影在星图网格的平面上。

当可以进行观察时，阿基米德将仪器对准日出或日落时的太阳。

阿基米德的仪器

阿基米德用一个由圆柱体和一个在其上滑动的滑块组成的简单仪器，估算出了太阳的大小。在黎明或黄昏时分，将圆柱体的一端指向太阳，这样既可看清又不会损害视力，人在另一端观察，直到圆柱体完全覆盖太阳。此时，太阳的角直径与滑块的角直径相同，就能进行相对精确的测量。不过，阿基米德也提到，该计算方法会受到圆柱体大小的影响。

阿基米德的天象仪

阿基米德建造了一个天象仪，再现了从地球上能观测到的太阳、月亮和行星的运动情况。数百年来，人们一直推崇这个创意。我们关于它的最完整记载来自古罗马的政治家和学者西塞罗，他引用苏比西奥·加洛（Sulpicio Galo）的著作，指出它是在公元前2世纪中叶发明的。罗马马塞勒斯在成为执政官之前，曾在叙拉古陷落后仅带走了阿基米德的天象仪作为战利品。西塞罗的描述表明，在阿基米德的模型中，行星绕着太阳旋转，太阳又绕着地球旋转。阿基米德对亚里士多德的地心说了如指掌，为了展示从地面上观察到的行星运动，他将地球置于中心，通过一个简单的机械模型证明了这一点。

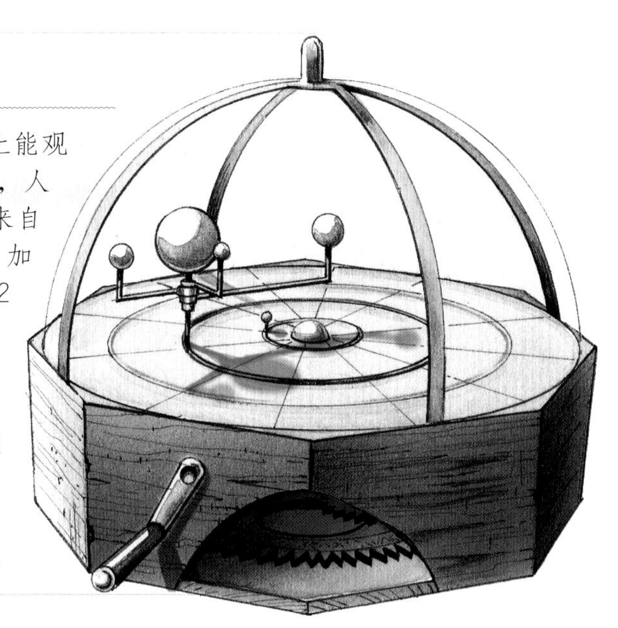

古星盘

古星盘是一种复杂的仪器，可以用作测量恒星的方位角和高度角。人们可以根据使用仪器所在的纬度，来灵活地使用为不同地理纬度设计的“地带”盘。“星图网格”盘精确地指示着亮星的位置，“地带”盘则雕刻着表示天球经纬的线，当两者叠放在一起时，“星图网格”上标出的恒星就可以在天空中找到。“星图网格”绕其轴心旋转，人们就可以知道在任意时间或季节可以看到哪些恒星。由于行星运动的不规律性，星盘并不能直接指示出行星的位置，但它可以提供行星可能在哪些恒星及星座附近出现。

古代科学的应用

航海星盘、六分仪和浑天仪

在现代早期，水手们开始使用星盘，尽管他们会用的只是古代先进工具的一个简化版本：航海星盘。实际上，它还具备象限仪的基本功能，主要用于计算纬度，测量北极星的高度或（借助星盘确定日期）正午的太阳高度。后来，人们以此为基础加入了一个小型望远镜，并以各种方式加以完善，直至成为现代的六分仪。浑天仪（右图）是星盘的复杂球形版本，主要用作科学和教学工具。

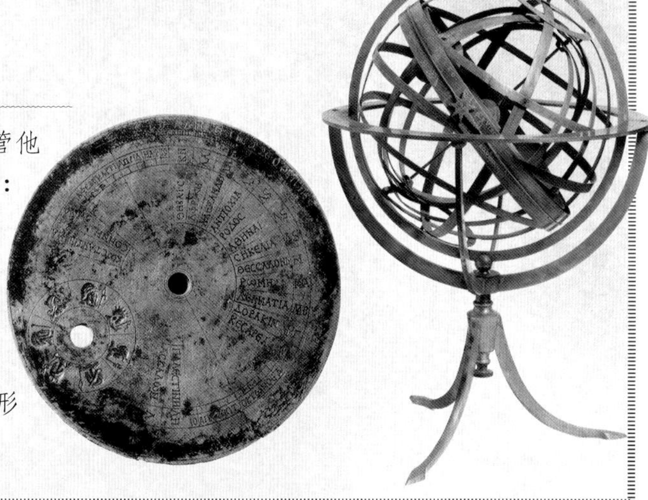

聚焦:安提凯希拉机械装置

最复杂的古代机械装置是 20 世纪初被考古学家发现于安提凯希拉岛附近海床上的海难遗骸中。借助一系列齿轮，它再现了天体的运动。

指示太阳和月亮位置的圆盘。

圆盘上刻有近 2000 个字符。

历史发现

1900 年，一群潜水员在安提凯希拉岛（位于伯罗奔尼撒半岛和克里特岛之间的基西拉岛对面）水深 40 米处发现了公元前 1 世纪的古代沉船。1902 年，考古学家瓦列里奥斯·斯塔伊斯（Valerios Stais）在回收的沉船遗骸中发现了几个机械残骸，这些残骸虽然腐蚀严重，但依然能看出镶嵌在其中的齿轮装置。它构造的复杂性使人们怀疑这是一个现代物件，只不过偶然出现在古代沉船的残骸中。从 1951 年开始直到 1970 年初，美国耶鲁大学历史学家德里克·德索拉·普里斯对这些碎片就没停止过研究，他认为该物体与其他遗骸一样古老，并实验性地重建了它，结果表明这些复制后的齿轮可以重现太阳与月亮的视运动。

安提凯希拉机械装置操作中的复杂性，让人想起近 2000 年后在欧洲发明的手表和机械计算器。

近年来，在 X 射线的帮助下，科学家们成功读取了该装置内的铭文。他们发现了该仪器特定用途的迹象：它被用于预测一些天文现象，如日食等。

专家的看法

通过分析这些残骸，德里克·德索拉·普里斯认为基于现存书面资料（尤其是维特鲁威和希罗留下的）的传统观点大大低估了古典时代的机械技术，这迫使我们改变了对希腊文明中的技术水平的看法。

差速器

为了合理演示月球的运动，人们就必须要考虑到太阳公转对行星运动轨迹的影响，因此有个齿轮产生的运动必须等于另外两个齿轮的运动之差（即在现代机械技术中广泛使用的差速器）。安提凯希拉岛上发现的机械装置在留存至今的任何古籍中都没被提到过，但人们关于它的记忆似乎并没有遗失，它重现在 16 世纪的天文钟中，目的也是为了展现月亮跟地球的同步旋转。

机械装置

安提凯希拉机械装置能够借助一系列的齿轮再现天体的运动。太阳和月球的运动保持着每 19 个太阳年月球绕太阳 254 圈（当时认为月球是行星）的比率，这个数值已经非常精准。同时，另一个齿轮再现了月球的同步旋转（也就是我们的阴历月），其他齿轮的旋转则模拟了 5 颗可以用肉眼观察到的行星的运动。这台机器最初放在一个 34 厘米 x 18 厘米 x 9 厘米的木箱中，上面刻有解释其使用的说明。

近年来的发现

最近的分析使我们有可能破译刻在机器上的大部分文字，并确定它的制造日期。安提凯希拉机械装置并不像几年前人们认为的那样，制造时间来自沉船失事年代，而是源自公元前 2 世纪，甚至在一些专家看来，还可以追溯到公元前 3 世纪。此外，人们还发现，它的 37 个齿轮通过小曲柄驱动，可以再现月球的变速运动（借助于一个小外轮），并可以预测日食。古人认为太阳年是 365$\frac{1}{4}$天。尽管有说该机器的制造目的只是为了教学，但专家们并没有就此达成一致意见。

对古代机械的重构

自普里斯的研究以来，人们已提出了几种安提凯希拉机械装置的重构方案。在雅典的考古博物馆，装置残骸与精美的复制品一起展出。馆内还制作了各种动画，其中一些可通过网络查阅。人们能重建太阳和月球运动，但对于行星运动则未必。我们确信这台机器能再现行星运动，已经破译的铭文提到了这一点。但装置残骸中与机器这些部分相关的零件已所剩无几，以至于任何关于重构的尝试都只是推测。

封闭在木盒子里的机械装置。

实际上，安提凯希拉岛上发现的机器是复杂的行星齿轮机，其机械装置由一组 37 个齿轮驱动，可以执行复杂的计算。

能源的获取

人类使用的第一种自然能源是畜力，然后是各种燃料和风。再后来，因为技术的进步，出现了水车、光学透镜和风叶。

水磨坊

公元前 100 年左右世界上出现了已知最早的水磨坊，但有专家认为，这项技术可以追溯到公元前 3 世纪上半叶。效率最高的碾磨机是那些使用垂直轮工作的，借助齿轮的转动，它可以轻松地将运动转移到水平旋转的机器上。这种齿轮与波斯轮所使用的齿轮类型相同，在希腊化时代就广为人知。以前人们认为，古时水磨坊并不多，中世纪时才被广泛使用。但现在我们知道，在古典时期它们就已经被大量使用。水磨技术在中世纪的欧洲并没有佚失，这个时期的水车也被用来驱动各种机器（如自动锯），尽管目前尚不能清楚地追溯这些其他用途的起源时间。

最简单的水磨坊是水轮盘。技术很简单：顺着水流而下的水，撞击水平放置的叶轮，带动与旋转轴相连的磨盘转动。

位于罗讷隆河峡谷河段的巴贝加尔建筑群，矗立有 16 座结构复杂的水车，被认为是古代以工业规模建造的综合机械装置群。

》风车

我们发现的最古老的风车可溯源于伊斯兰文明发端，更确切地说，是在公元 640 年左右。当时的阿拉伯帝国哈里发奥马尔一世委托了一位波斯建筑师建造风车，说明当时的波斯很可能已经有了风车。另一方面，亚历山大里亚的希罗在他的《气动学》中描述某种由风激活的液压机关时，谈到了读者熟悉的“风轮”。因此，可以想象，在希罗时代利用风来产生旋转运动已广为人熟知，波斯保存了这一项古老的技术。

风车的结构：石塔在相对两侧的中间开口，供空气流通，内部有围绕中心垂直轴旋转的叶片。

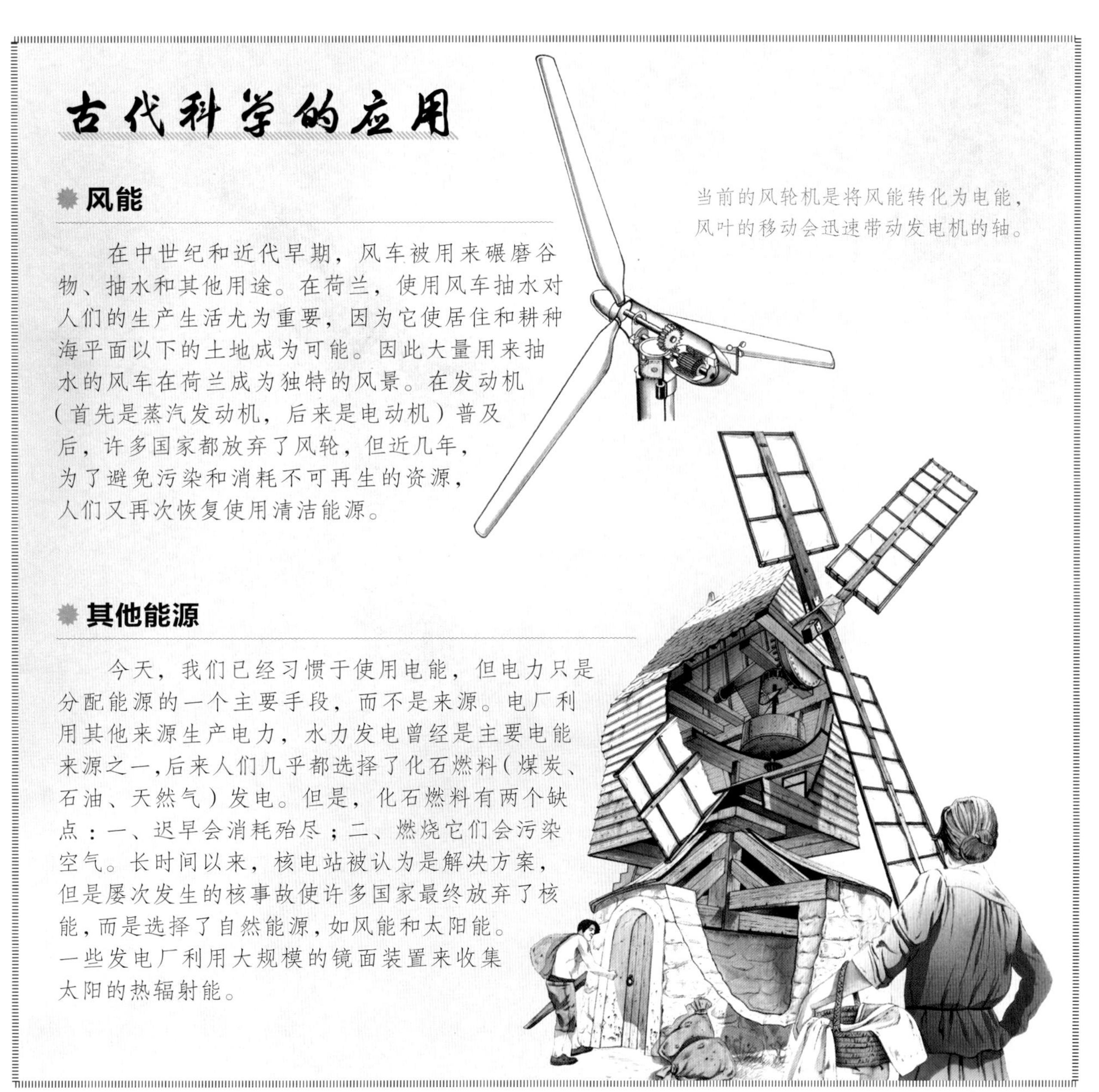

古代科学的应用

风能

在中世纪和近代早期，风车被用来碾磨谷物、抽水和其他用途。在荷兰，使用风车抽水对人们的生产生活尤为重要，因为它使居住和耕种海平面以下的土地成为可能。因此大量用来抽水的风车在荷兰成为独特的风景。在发动机（首先是蒸汽发动机，后来是电动机）普及后，许多国家都放弃了风轮，但近几年，为了避免污染和消耗不可再生的资源，人们又再次恢复使用清洁能源。

当前的风轮机是将风能转化为电能，风叶的移动会迅速带动发电机的轴。

其他能源

今天，我们已经习惯于使用电能，但电力只是分配能源的一个主要手段，而不是来源。电厂利用其他来源生产电力，水力发电曾经是主要电能来源之一，后来人们几乎都选择了化石燃料（煤炭、石油、天然气）发电。但是，化石燃料有两个缺点：一、迟早会消耗殆尽；二、燃烧它们会污染空气。长时间以来，核电站被认为是解决方案，但是屡次发生的核事故使许多国家最终放弃了核能，而是选择了自然能源，如风能和太阳能。一些发电厂利用大规模的镜面装置来收集太阳的热辐射能。

计算工具

在古代，人们最初使用手指、鹅卵石和其他小物体进行计算。但很快，计数法和推理类比法都被逐渐发明，更复杂的计算不再是难题。

数字和模拟

无论是计算，还是储存和复制信息，都可以使用两种方法：数字法和模拟法。数字法（来自拉丁语的“手指”，古人有用手指头来数数的习惯）是指将多个数量，包括连续数量，转换为整数来进行计算。举个数学图像的例子：计算器显示的图像是通过将空间划分为像素获得的，每个像素由一定数量的点构成，并被分配了相应的颜色和光强。相反，模拟图像是用连续的图像表示连续的数量，就像画家在应用颜色时那样，而且这种转换是连续的、平滑的（不像相互独立的像素）。在自然界中，大多数事物都可以被模拟，如时间、压力、距离、声音……但是，要对它们进行运算，最好使用数字法。在古代，苏美尔人使用的主要的数字计算工具是算盘。

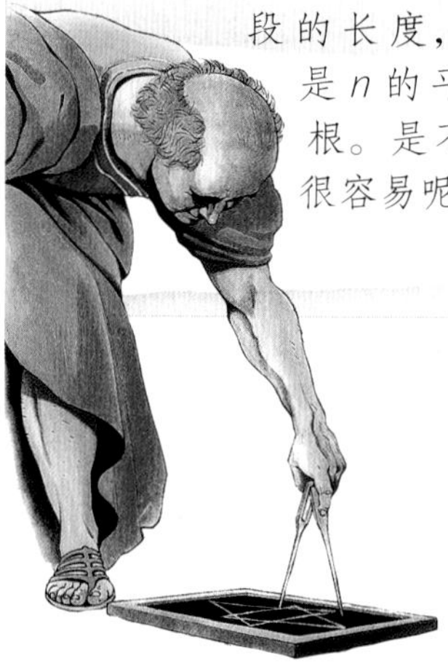

为提取平方根，必须使用欧几里得定理。

直尺和圆规

古希腊人用直尺和圆规作为计算工具。为了解决实际问题，人们会先画出长度等于已知数据的线段，然后在直尺和圆规的帮助下，用图示的方法得出未知的答案。例如，如果要求出数字n的平方根，就先画一条与n等长的线段ab，用一条与测量单位相等的线段延伸至bc；再绘出直径为ac的圆，从b点画出与ac垂直的线段延长到圆周。量出这条线段的长度，就是n的平方根。是不是很容易呢？

几何为希腊人提供了一种计算工具，该工具首先用于非整数：要解决问题，只需构造一个代表解决方案的线段即可。

几何学可以用来做一切事情，从简单的求和到乘法、平方根，甚至立方根。

使用埃拉托色尼创造的公式，立方根运算就变得很简单，这是制作校准扭力弹射器不可或缺的计算。

倍立方体问题

用尺子和圆规可以进行除法、乘法和平方根运算，但不能计算出立方根。倍立方体问题（提取 2 的立方根）因无法通过直尺和圆规解决，而被大家熟知。提取数字立方根的问题等同于找到介于 1 和 a 之间的两个比例中项的问题，即找到两个数字 x 和 y，例如 $1:x=x:y=y:a$，如果找到了这两个数字，x 实际上是 a 的立方根。埃拉托色尼建造了一个模拟仪器，可以在任意两个数字之间插入两个中项。该仪器由三个相等的矩形青铜板条组成，它们在两个平行的直尺和一条线之间上下滑动。通过适当地调整这些青铜板条，可以组成构建类似的三角形，使其边长达到所需的比例。

古代科学的应用

现代的计算工具

在现代的第一批计算工具中，有比例规（后由伽利略进行了完善）和德国科学家威廉·席卡德制造的首个机械计算器（1642 年被帕斯卡改良）。在对数发明后不久的 17 世纪，出现了计算尺，它与机械计算器一起，成为最广泛使用的计算工具。直到 20 世纪下半叶，电子计算器和计算机的发明，使所有其他计算工具都被淘汰。

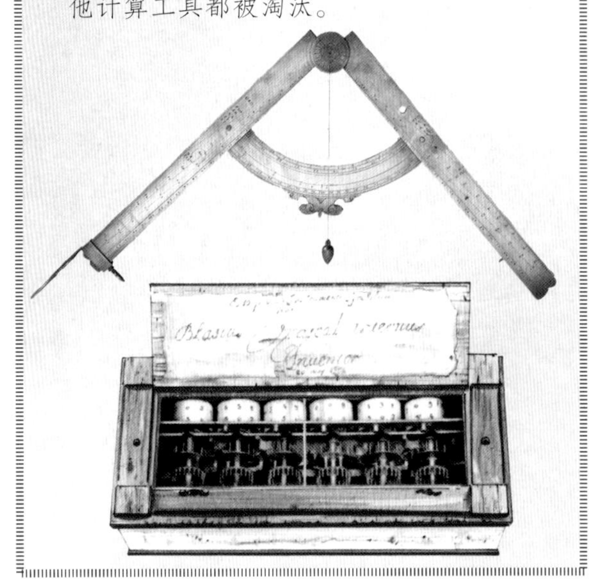

埃拉托色尼筛选法用于求一定范围内的质数，它的名字来源于发明它的亚历山大里亚数学家、昔兰尼（今利比亚古城）的埃拉托色尼。

算盘是进行数学运算最古老的计算工具，在罗马人和希腊人之前，从新月沃土（指西亚、北非地区两河流域及附近一连串肥沃的土地）到中国之间的地域都曾使用过。罗马算盘中间有一列列平行的细长槽，槽内嵌着可移动的小卵石。

农业技术

在古代，最早出现的技术只用于农业，特别是灌溉田地和开发农业的机械。植物学和动物学知识也被用来促进农业发展。

》灌溉

农业需要水。但是在地球的某些地区，耕地如果只靠雨水浇灌，水量远远不够且无法提前预测，因此必须使用其他的办法。最初的文明（美索不达米亚平原、埃及和印度河谷）以农业为基础，就必须把河流中的水引入灌溉耕地。当枯水期或干旱季来临，河流水量大幅度减少时，人们就不得不提高水位才能把水导到田里。相反，在湿地中，人们又必须清除多余的水，如在美索不达米亚的冲积土中、在人类为种植做准备之前，这两种情况都需要借助机器来完成。此外，为了避免洪水或河流改道的危险，人们还必须开挖运河，修建水坝：这些要求自古以来就对水利工程提出了艰巨的挑战。

阿基米德螺旋泵被用来排水和灌溉田地，将水抬升至所需的位置。

西班牙梅里达的普罗塞皮纳大坝由古罗马人所建造，至今仍在使用。

西塞罗认为农业是罗马人应该从事的最好职业，也是能够拥有最高收入的职业（只有富裕阶层才拥有大庄园）。

驯化动物和植物杂交

自农业和畜牧业发展以来，人们一直倾向于选择最好的种子或幼畜，从而导致动植物物种的演化缓慢。在公元前 5 世纪，以前所没有的杂交品种和植物开始被创造出来。但是，由于农民个人的积极性受限，这些创新的步伐非常缓慢。在希腊化时代，科学家在国家资助下进行的系统性实验，使物种的繁殖倍增并加速。此外，人们还对许多野生物种进行了驯化，并在专门的环境内培育了许多新动物，如蜗牛、鱼和其他海洋动物。

孵化器

在埃及，法老时代末期的人们开始尝试在加热的环境中对鸡蛋进行人工孵化。希腊人学会了这一技术，并将其传播到整个希腊世界。但这项技术在上古晚期和中世纪被完全遗忘了。直到 1749 年，法国著名科学家列奥米尔在法国科学院介绍了现代欧洲的第一台孵化器。

农业机械

最早的耕作工具（锄头、镐、镰刀等）可以追溯到农业发展的最初阶段。这些人类使用的工具在很长一段时间内，都是由木材和石头制成的。后来，出现了用动物牵引的机械（如犁）。苏美尔人使用的犁式播种机，是在犁上配装一个种子分配器，犁出地沟时种子就撒了进去，这样同时完成了两项任务：犁地和播种。凭借冶金学的进步，希腊化时代的主要改进是带铁制部件的农业机械的普及。

多亏了播种机的发明，多人同时耕种才成为可能。

罗马犁

罗马犁是一种简单但高效的农业机械。普林尼在他的著作中是这样描述的：它由带轮子的便携式机械组成，一个紧凑的耙子套在公牛面前，耙子穿过麦秆的底部，就可以开始收割。它不仅能拉起麦穗，还清除了许多糠和谷壳。该犁使收割和脱粒同时进行成为可能。我们不知道所谓的联合脱粒机是什么时候发明的，但古罗马的帕拉狄乌斯在《论农业》中告诉我们，在4世纪，它已经在高卢地区使用。后来它被人们遗忘了，直到澳大利亚人约翰－雷德利在19世纪30年代创造了“雷德利收割机”。

装满种子的“漏斗”状容器。

发射型武器

希腊化时代的主要发射型武器是扭力弹射器，尽管此时，人们还试验了其他各种金属合金和空气弹性的新武器。

扭力弹射器和压缩空气配件

扭力弹射器的操作如下：放下弹射器其中一只支臂，让它拉伸弹射器中的动物纤维（或鬃毛）制作的绳子，释放固定支臂的闭合装置时，累积的弹性势能会以巨大的力量将其释放，发射出它所装载的弹丸。这些武器的效率，尤其在损毁城墙方面，由防御工事变得越来越坚固和开发防御技术的事实证明。

除了扭力弹射器外，还有一些其他的发射型武器。发明家特西比乌斯在亚历山大里亚测试的几种武器中，有一些是基于各种金属合金的弹性。他设想的发射的能量是由圆筒中的金属弹簧压缩空气提供的，但鉴于金属圆筒的气密性不能得到保障，该种武器只停留在了原型机的阶段，并未能在战场上发挥作用。

弹射器和立方根计算

在古希腊，人们发现在扭转弹射器中，在一定距离内可以发射的重量与扭绞纤维绳直径的立方成正比。因此，如果人们要计算将重物投掷给定距离所需的扭绞纤维绳尺寸，就必须提取一个立方根。埃拉托色尼为此设计了一种用于提取立方根的工具。

公元前340年，马其顿腓力二世的军队在科林斯围城期间使用了第一批可转向的弩炮武器。

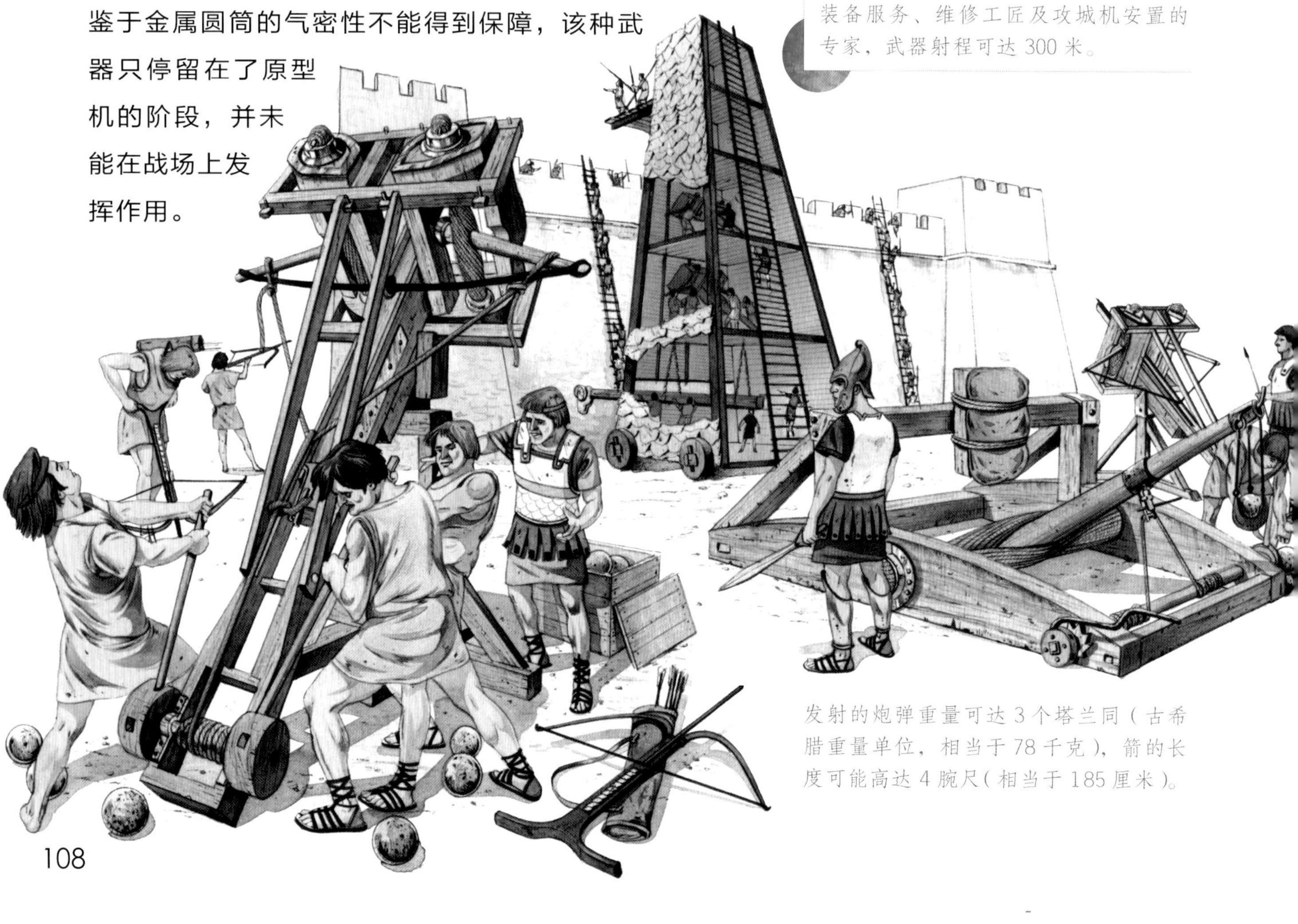

随着大型扭力炮的发展，一个专业军团诞生了，这里面有军事工程师领导，装备服务、维修工匠及攻城机安置的专家，武器射程可达300米。

发射的炮弹重量可达3个塔兰同（古希腊重量单位，相当于78千克），箭的长度可能高达4腕尺（相当于185厘米）。

古代科学的应用

后世的弹射器

弹射器的使用效率在希腊化时代迅速提高，但在罗马帝国时期却以同样的速度下降，直到被放弃。到了中世纪，它们已经完全被遗忘，人们普遍使用低功率的发射武器（如投石机，投石机本质就是一个一端绑着重物来发射石弹的杠杆）。直到20世纪初，德国工程师、炮兵军官埃尔温·施拉姆设法重建了原来的连射弹弓，人们才再次意识到它们的威力。

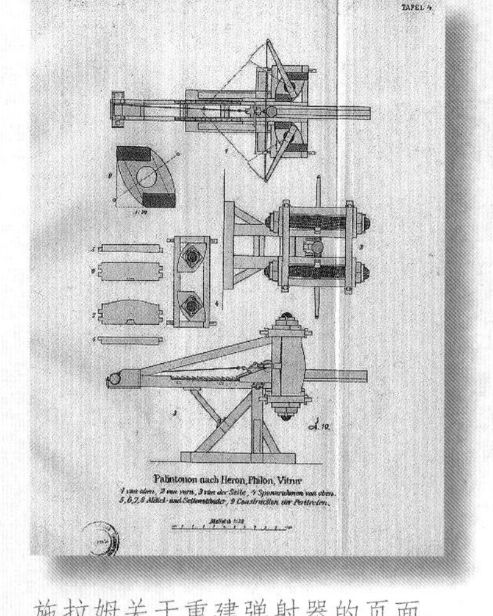

施拉姆关于重建弹射器的页面。

弹性力研究

金属的弹性，特西比乌斯也曾为军事目的研究过，15世纪被首次使用弹簧的机械钟表制造商所利用。然而，直到17世纪英国科学家罗伯特·胡克（1635—1703）才对弹力进行了理论研究。1676年，他阐述了以他的名字命名的定律，根据该定律，弹性体的延伸与施加的力成正比。对空气弹性的研究长期以来因难以复制古泵而受到阻碍，但胡克取得了突破性的进步：他制造了一个空气泵，并与英国科学家罗伯特·波义耳合作，发现了气体膨胀规律。

冶金

冶金的历史可以追溯到公元前4000年，它并不是指人类锤击原始金属的行为，而是通过熔炼矿石生产出的金属物品。冶金技术的发展，特别是熔炉温度的提高，使得生产钢铁类物品成为可能。冶金的质量除了与制造它们的炉子的温度有关，还与某些技术诀窍有关，例如合金的成分和冷却技术。几个世纪以来，罗马人大量从近东进口大马士革钢，并不知道其生产技术和产地。

据相关记载，十字军骑士的剑能将扔在空中的丝质手帕切成两半。

十字军东征时，大马士革的铸剑师仍在使用这种古老的金属加工技术，这种技术现在已经失传。

NO.3

建筑：雕像、大楼、船舶和水道

人们在早期的大城市里建造起一批宏伟的建筑，要么是为了崇拜他们的神（建筑物和雕像），要么是为了实用。城市的出现改变了土地的原本样貌（排干湿地里的水、创造出农业用地、建立起城市中心……）。水和货物的运输需要建造船舶、渡槽和堤道。随着技术的发展，桥梁、隧道和运河一一出现，交通得到了改善，这一切都归功于工程技术的发展。

伟大的作品

一个城市不只是简单的人类聚居地，还意味着社会分工、社会分层和公共建筑的存在。具有这些特征的第一批城市诞生在公元前 4000 年的美索不达米亚。最初，它们是自发产生的，只是为建立神庙和宫殿而划分出的特定区域。后来，在古典希腊时期，城市无论是新建还是重建，都已经有了真正的城市规划活动。

城市规划

公元前 5 世纪，米利都的建筑师希波达摩斯成为已知的第一位真正意义上的城市规划师，他设计的城市以正交的街道网格为特征，街道呈南北向或东西向，城市空间划分呈矩形，矩形内可以是住宅、公共建筑或市场，也可以是其他用途。但考古发现表明，这种长方形的街区布局并非独创，很明显后来的人们也使用了同种方案。

在希腊化时代，城市的布局不仅与建筑物和街道的位置有关，还涉及对土地的改造。埃及的亚历山大里亚就是一个明显的例子，这是一个人工半岛，通过高架桥和人工山将法罗斯岛（灯塔）与大陆连接起来。在亚历山大里亚，人们建造了许多不同的系统，如房屋饮用水的分配系统，以及主要道路的夜间照明系统等。

古希腊城市的规模是固定的，执政者通过派遣公民团体去建立殖民地的方式来避免人口过剩，城市的发展和增长也从来没有停止过。

运河

为充分利用大河（尼罗河、幼发拉底河、底格里斯河和印度河）流域的水资源，早期国家挖掘灌溉渠道就变得特别有必要。特别是在美索不达米亚平原，可耕种地区的增加要归功于将河水引入田间的大型灌溉水网。由于货物的运输主要是通过船（海运或河运）进行的，人们还开掘出具有更高技术水平和更大尺寸的运河，这类运河经济意义重大。古代的这类工程最令人印象深刻，它们是后来苏伊士运河功能的缩影：苏伊士运河将尼罗河的一条支流与红海相连，人们可以从地中海直接航行到红海和印度洋。

苏伊士运河的发掘工作始于公元前 600 年，由法老尼科二世尝试开通，目前尚不清楚该项目当时是否完成，可以肯定的是，在埃及被波斯人征服后，即大流士一世时期，该运河被重启（或对其进

M·AGRIPPA·L·F·COS·TERTIVM·FECIT

行了修复)。当时该通道已经投入使用,后来却逐渐消失,在希腊化时代由托勒密王朝恢复了。罗马时代人们建造的通航运河中,连接莱茵河和默兹河的运河将阿尔勒与地中海连接起来,避开了通航能力不佳的罗讷河三角洲。但也有许多计划开挖但从未执行过的运河工程,例如,尼禄皇帝计划的开通科林斯运河的工程,在他死后被搁置了将近2000年。

》隧道

第一批隧道的出现,目的是为了让水能够顺利流过。最古老的隧道略有倾斜,管子连通了一系列形成了坎儿井(地下水通道)的竖井,这些坎儿井深埋在地下,使在暗洞里流淌的水量不会因蒸发而受损。最早的隧道通过在山体或丘陵的两侧打洞建造,为的是让渡槽能顺利通过。

我们所知道的这类最古老的工程是希西家隧道,公元前700年左右该隧道就从基洪泉向耶路撒冷供水。相关遗迹表明,该隧道的建造历经了数次失败。相比之下,公元前6世纪希腊萨摩斯岛尤帕里内奥隧道的设计是建立在复杂的几何计算基础之上,这使得来自卡斯特罗山对岸的两条河流可以在中途汇合。隧道内的输水管子在约1000年的时间内为萨摩斯岛提供了必要的水源。尤帕里内奥隧道所展现出来的精湛技艺使其成为后来许多工程设计及各种公共设施建筑的典范。

》公路和港口

最初的道路是由人类、牲畜或野兽经常穿过同一地点所踏出来的小径,后来人类也开始使用由牛群开辟出的相对宽阔的道路。轮式运输变得普遍时,人们便开始修建平整的道路。也有一些道路是为了宗教目的而建,用于游行和举办仪式。亚述人及后来的波斯人修建公路网为的就是军事目的。

当这些早期的道路必须跨越河流时,人们会在与河滩相平的高度上架桥,第一座桥可能是用船连成的浮桥。幼发拉底河上曾建造了一座长900米的桥梁,全桥横跨两岸,由100多个石桩支撑,连接了被河流分隔的古巴比伦城两部分。

在整个古代时期,水运是运输货物的最好方式,尤其是海运,这就是港口特别重要的原因。起初,港口只是船只的天然避风地,但后来,特别是在腓尼基时代,人们建造了方便船舶装卸的码头、防波堤和墩台。在这里,罗马人的主要贡献是使用火山灰的创意,这种材料可制成能够在水下凝固的坚固的混凝土,从而使人们建造水底的设施成为可能。

》其他伟大作品

要建立城镇还包括一些其他必要工作,比如必须排干湿地、开垦森林以用作农业用地等(这常常不小心就导致了很多地区的荒漠化)。同时,人们也建了许多有军事目的的大型建筑,有防御性的(城墙、中世纪城堡或中国的长城),也有进攻性的(从古代军舰到现在的一些军事设备)。

另一方面,从很早开始,人们就投入了大量的精力建造伟大的建筑作品,这些作品虽缺乏实际目的,却具有重要的社会影响:它们是为宗教、意识形态或政治目的而建造,如埃及金字塔和方尖碑等,所有的雕像和宗教建筑几乎也都被认为是艺术的作品。它们是如此重要,以至于各种不同文明的发展从源头上都和这些建筑有关系。

巨型雕像

古人曾经成功矗立起了内部中空的大型青铜雕像。但后来，这一技术在西方已经失传，直到 15 世纪才被部分恢复。

失蜡技术

失蜡技术的古老甚至可以追溯到青铜时代，当时它被用来制作金属雕像（主要是青铜）。用此法铸造雕像有两种方法，其中最简单的是先造出雕像的蜡制模型，用耐火的泥料覆盖后，在模型中钻两个直达蜡层的孔。外范固化定型后，对整个模具加热烘烤，蜡受热后熔化流失（称为“失蜡”），铸模则形成了赤陶模具，再将熔化的青铜倒入其中。使用这种技术，可以制作小型的实心青铜器。然而，巨型雕像无法通过这种方法铸造，一是因为金属成本高，二是因为重量过重导致断裂。在这种情况下，人们就会使用第二种技术，后文将对此进行说明。

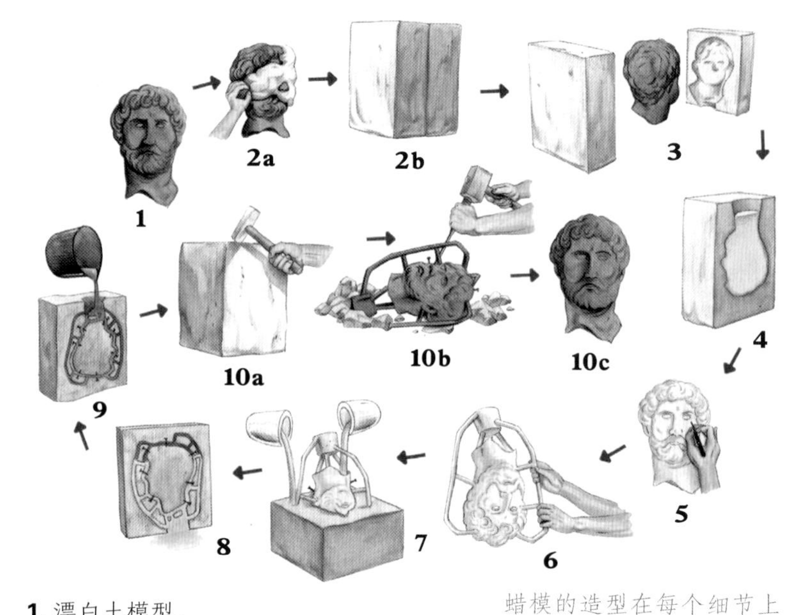

蜡模的造型在每个细节上都必须特别精确，因为最终成品的雕像取决于它。

1. 漂白土模型。
2a–2b. 在模型上覆盖石膏。
3. 获得石膏模具。
4. 在模具中填满蜡。
5. 在蜡冷却之前将蜡倒出，但在模具上留下一层空心蜡的模型（就像是做一个假脸，类似一个面具），然后对蜡型的细节进行打磨。
6. 将通道安装到蜡质模型和漏斗中。
7. 将耐火材料倒在蜡模型的内部和外部，然后将其放置在炉中。
8. 翻转耐火块；蜡受热熔化，空出用于青铜铸造的通道。
9. 将熔化的青铜倒入蜡流出的通道中。
10a–10c. 去除外层模型，露出的青铜成品，取出通道；然后，通过锉削和抛光处理青铜成品上的瑕疵。

狄诺克拉底的疯狂提议

建筑师狄诺克拉底（Dinocrates）向亚历山大大帝提交了一个有史以来最大雕像的设计方案。他打算把阿索斯山雕刻成一个人的形状，此人右手手心是该地区所有河流汇聚在一起形成的湖泊，左手手心里建造城市。尽管没有赞同，但这个疯狂的宏伟项目还是给亚历山大大帝留下了深刻的印象。狄诺克拉底成为他随行人员的一分子，后来还成为亚历山大里亚的设计人之一。今天，这份设计让人无法不与美国南达科他州拉什莫尔山国家纪念公园内的总统山联系起来。

罗马皇帝马库斯·奥雷留斯的骑马雕像，竖立于公元175年，一直完整留存至今。

罗马帝国皇帝图拉真的巨型骑马雕像尺寸约为马库斯·奥雷留斯雕像的1.7倍。

巨型雕像

公元前4世纪，雕塑家利西普斯在意大利南部的塔伦图姆制造了两个铜制巨像：最大的代表是高约17米的宙斯雕像，较小的是赫拉克勒斯的雕像。他的弟子卡雷斯（Chares）建造了被认为是“世界七大奇观”之一的罗得岛太阳神巨像。雕塑家泽诺多鲁斯（Zenodorus）于1世纪在罗马制作了一个大小差不多的巨像（超过30米高），它由镀金的青铜制成，是以残暴出名的皇帝尼禄的像，这可能就是为什么在这座巨像旁边建造的圆形剧场被称为“竞技场”的原因。

其他青铜器

在用失蜡技术制成的古代青铜器中，最著名的是“利雅得青铜器”。“利雅得青铜器”的命名源自它们被发现于1972年的利雅得附近。其中两个非常具有代表性的青铜器杰作，可追溯到公元前5世纪，但其作者无法确定。它们同马库斯·奥雷留斯的骑马雕像、温泉浴场的拳击手以及其他一些古代的青铜作品都保存至今。除此之外，希腊青铜器中的著名作品除了保存在文学描述中，还有大理石复制品。例如，著名的法尔内斯的“赫拉克勒斯”，它是3世纪利西普斯青铜雕像的复制品。

古代科学的应用

15世纪巨型雕像的铸造

在中世纪，失蜡技术在拜占庭帝国得以幸存，但在拉丁语地区却销声匿迹。15世纪时，出于对古典文化的广泛兴趣，各种流派的艺术家们都致力于恢复这项技术。在1412年至1416年间，第一个以这种方式制作的大型青铜器是佛罗伦萨雕塑家洛伦佐·吉贝尔蒂的“施洗者圣约翰”。这座雕像高268厘米，由许多单独铸造的不同部件组装而成。意大利的多纳泰洛完善了这项技术，在15世纪中叶将它用于著名的大卫雕像和高近3.5米的加塔梅拉塔骑马像。这些都是杰作，但规模与古代巨像相差甚远。莱昂纳多·达·芬奇证明了与之相匹配的技术难度，他为米兰公爵弗朗西斯科·斯福尔扎设计了一座真正巨大的马术纪念碑，为此，他收到了萨伏依公爵卢多维科（因资助达·芬奇及其他艺术家而出名）的资助款，但最终交稿的只有一个最初模型。

古代世界的七大奇迹——罗得岛巨像

古代世界七大奇迹之一是竖立在罗得市港口附近的罗得岛巨像，它由公元前291年当地林多小镇的雕塑家卡雷斯所设计，于公元前226年为地震摧毁。

对罗得岛的围攻

罗得市是罗得岛三个城邦统一的都城，也是重要且繁荣的商业中心。公元前305年，有志于继承亚历山大大帝的将军之一，当时控制着亚历山大帝国整个亚洲部分的安提柯一世试图征服它。他派出了一支强大的舰队，由他的儿子德米特里乌斯指挥，舰队有200艘战舰和160艘运输船，载着4万名士兵和1座巨型攻城塔楼。然而，顽强的罗得岛居民经受住了长时间的围攻，迫使敌人撤退。无功而返时，德米特里乌斯把攻城塔楼丢弃在了岛上。赢得胜利的罗得岛居民被称为“英雄”，这是所有希腊城市在面对亚历山大的世袭君主制时，想要保持自己自治权的一个典型例子。

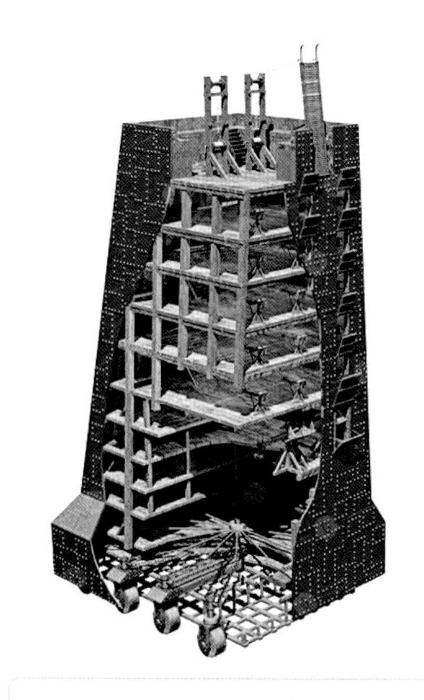

“攻城者”是波吕伊多斯在罗得岛被围困期间建造的机器。在罗得岛人将其熔化以建造巨像之前，它是一台战争机器。

普林尼在《自然史》中说，很少有人能够拥抱巨像的脚趾。

林多的卡雷斯

我们对罗得岛巨像的作者几乎一无所知，只知道他的出生地林多是罗得岛上的一个小镇。有资料显示他是著名雕塑家利西普斯的学生，考虑到利西普斯曾在希腊的多个城市工作过，因此卡雷斯很可能是在希腊大陆接受的建筑学教育。除了让他成名的巨像之外，还有一项作品也让他声名远扬：这个作品是另一个令人敬佩的庞然大物——马库斯·奥雷留斯的骑马雕像，被带到罗马在坎皮多里奥矗立至今。

自由女神像的钢结构，以及赋予其形状的300块异型铜板，共有214箱，由木船进行装载，因数量巨大不得不进行多次运输。

》巨像

为庆祝战胜了德米特里乌斯，罗得岛的居民决定为自己的城市保护者太阳神竖立一座巨大的雕像。他们用从敌人手中夺来的战利品作为建筑原材料（其中包括“攻城者”）。利西普斯的学生、雕塑家卡雷斯被委托主持这项工作。这座太阳神的雕像高约32米，矗立在一个平行四边形的底座上。

它用铁柱加固的内部是空心的，为了增加重量稳固，人们还往里面填充石头。按照太阳神的惯例，其头部有代表太阳光线的尖顶。根据传统，该雕像有一个举起的火把或前伸的手臂，因此它也可以用作灯塔。碑文上的铭文指出了这座纪念碑的象征意义，被誉为“反对奴隶制的灿烂自由之光”。所有靠近罗得岛的水手们都可以从远处看到巨像，感受到罗得岛的力量和骄傲。即使在公元前226年因地震倒塌，有关它的传说和遗迹仍然使前来观光的游客感到惊叹。

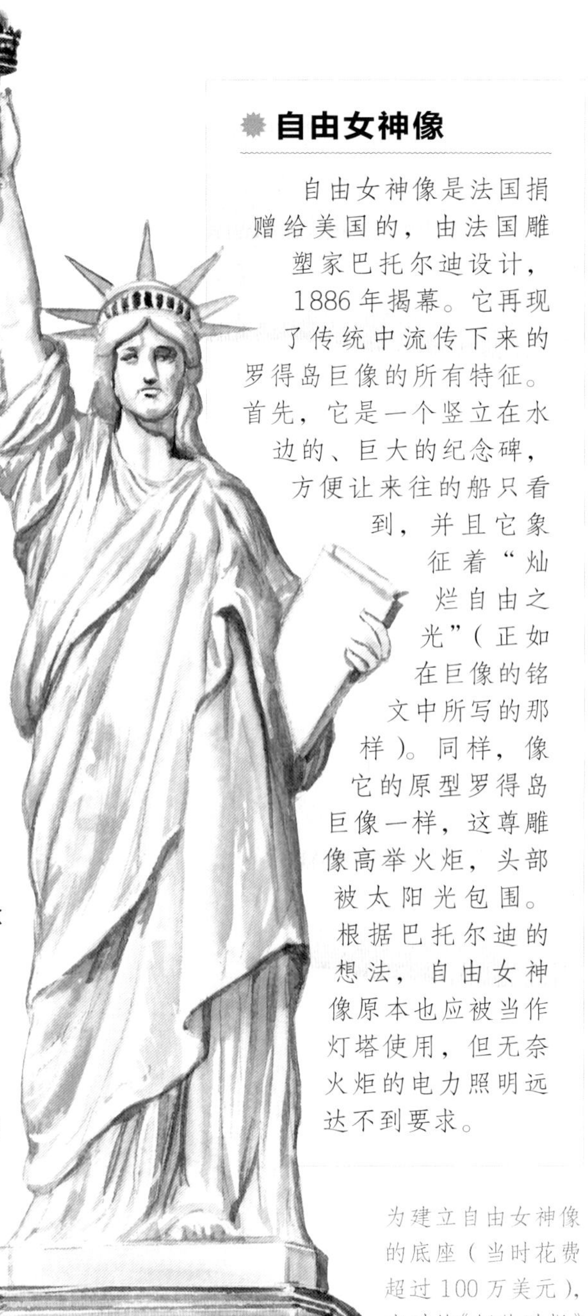

自由女神像

自由女神像是法国捐赠给美国的，由法国雕塑家巴托尔迪设计，1886年揭幕。它再现了传统中流传下来的罗得岛巨像的所有特征。首先，它是一个竖立在水边的、巨大的纪念碑，方便让来往的船只看到，并且它象征着“灿烂自由之光”（正如在巨像的铭文中所写的那样）。同样，像它的原型罗得岛巨像一样，这尊雕像高举火炬，头部被太阳光包围。根据巴托尔迪的想法，自由女神像原本也应被当作灯塔使用，但无奈火炬的电力照明远达不到要求。

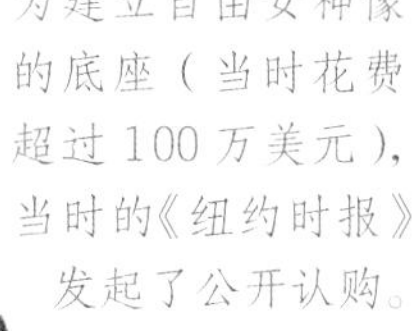

为建立自由女神像的底座（当时花费超过100万美元），当时的《纽约时报》发起了公开认购。

在亚历山大·塞维鲁（222—235）和戈尔迪安三世（238—244）统治期间，罗马帝国货币上尼禄巨像的浮雕。最后一次提到这个雕像是在354年，据说它在5世纪被地震摧毁。

尼禄巨像的灵感来自罗得岛太阳神巨像，它将皇帝描绘成太阳神赫利俄斯。根据历史学家苏维托尼乌斯的拉丁文文献记载，巨像高36米。

罗马帝国工程建筑

古代城市的设计和建设，包括了出色的土木工程。公路网（亦用于军事目的），尤其是在亚述、波斯和罗马帝国，是杰出的建筑之一。

亚历山大里亚

尽管亚历山大大帝在位期间几乎都是在战争中度过的，但并不影响他成为一名伟大的城市创始人。最有名的城市是埃及的亚历山大里亚，但随后他又命名了14个同名城市，其中4个在阿富汗，剩下的分布在土耳其、伊朗、伊拉克、巴基斯坦、印度和中亚一些国家。

通常，内层公寓是为比较富裕的房客保留的。

城市规划

在古典希腊、希腊化和罗马时期，雨后春笋般出现了许多经过精心规划的新城市。罗马时代，新建立的殖民地通常要遵循军事营地的结构，街道的网格呈直角相交：两条主要道路分别是南北走向和东西走向。这些街道在中心点上交叉，将城市分割为四个街区。

建筑高度

在罗马，很大一部分人口居住在被称为“因苏拉”的大型多层建筑中。它们是矩形建筑，有一个通向各个公寓的中央庭院，底层通常被作坊占据。高度（通常过高）和木质结构使它们容易坍塌和发生火灾。公元64年，罗马大火之后，尼禄（有人认为他应该对此负责）限制了建筑物的高度和重建房屋中的木材使用。

3世纪塞普蒂米乌斯·塞维鲁皇帝时期，罗马已经建造了46602幢“因苏拉”（拉丁文，指古罗马时期大多数普通人的住宅）。

共和时期的罗马，因苏拉的楼层高达10层，但坍塌的危险迫使罗马当局制定了严格的规定。奥古斯都是第一个将因苏拉的高度限定在20米以内的皇帝。

港口

希腊和罗马时期，人们建造了很多人工港口。例如，罗马时期的波尔都斯港口，是由罗马皇帝克劳狄一世命令建造的，完成于尼禄时期。它位于奥斯提亚港以北约 4 千米，现在叫做菲乌米奇诺（位于今意大利罗马省境内），由两个长长的码头和一个人工岛围成。图拉真在位时，增加了一个新的、更具安全性的六角形人工港口。

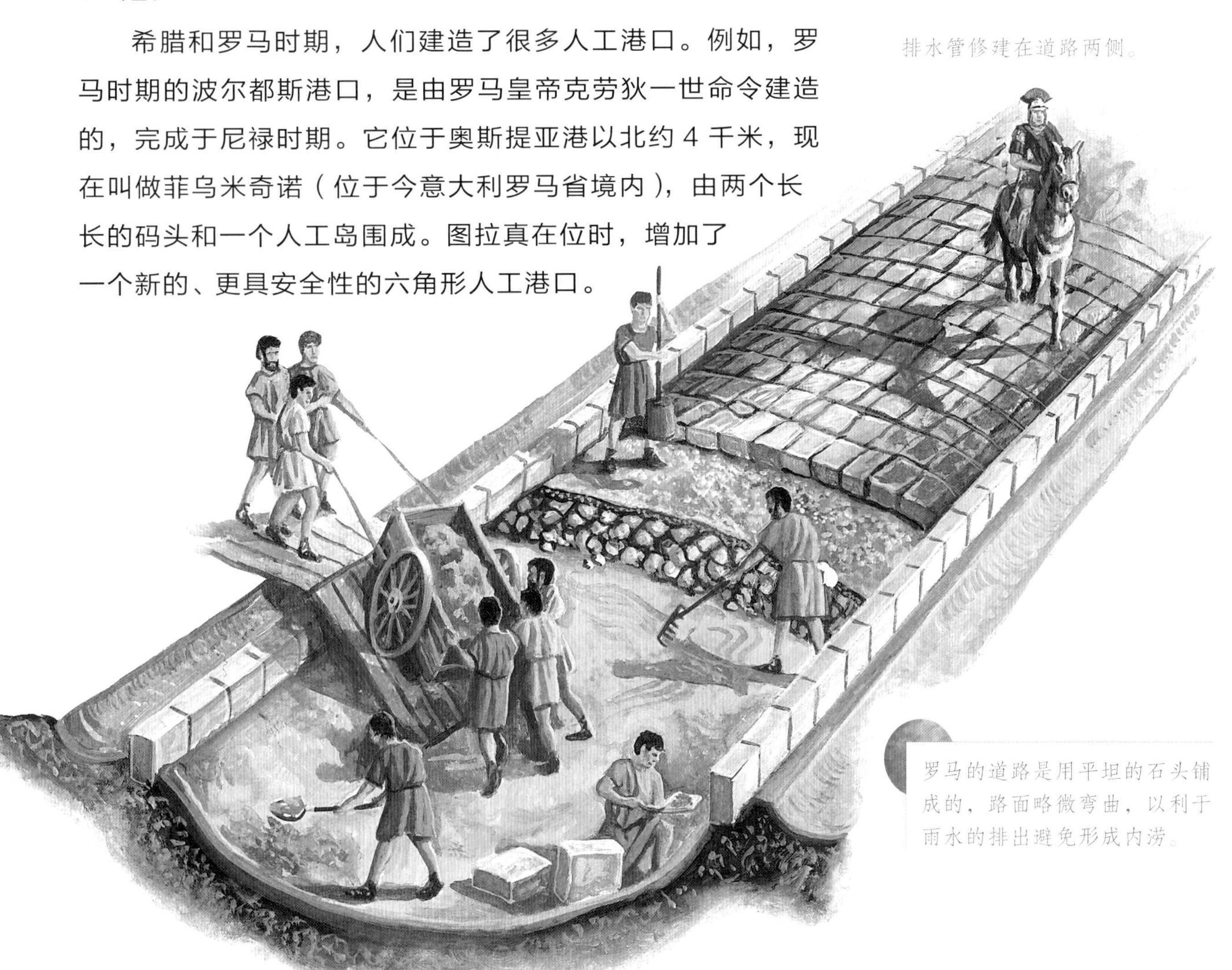

排水管修建在道路两侧。

罗马的道路是用平坦的石头铺成的，路面略微弯曲，以利于雨水的排出避免形成内涝。

道路和桥梁

罗马人创建了一个高效的道路网络，不仅仅是为了贸易（主要通过水路进行），而是为了确保军队的快速移动。罗马的道路网络不仅分布在意大利半岛（现在仍旧很明显），而且几乎遍布整个帝国。例如，高卢的公路就超过 2 万千米。这些道路都是用石头铺成的，每隔 1 英里（每 1 千步）都有一根柱子，即所谓的“里程碑”，它们代表着距罗马广场的距离。道路两旁设有休息场所，方便那些因公务而旅行的人。当道路需要穿过一条河时，人们就会架起一座石桥。

古代科学的应用

水泥

古代对水泥的使用因加入火山灰而得到改善，火山灰是罗马人一直在使用的材料。随着罗马帝国的衰落，水泥不再被使用：在中世纪和近代早期，人们不仅不使用水泥，而且完全遗忘了它的存在。这种材料在文艺复兴时期重新浮出水面，但直到 18 世纪才被重新使用。

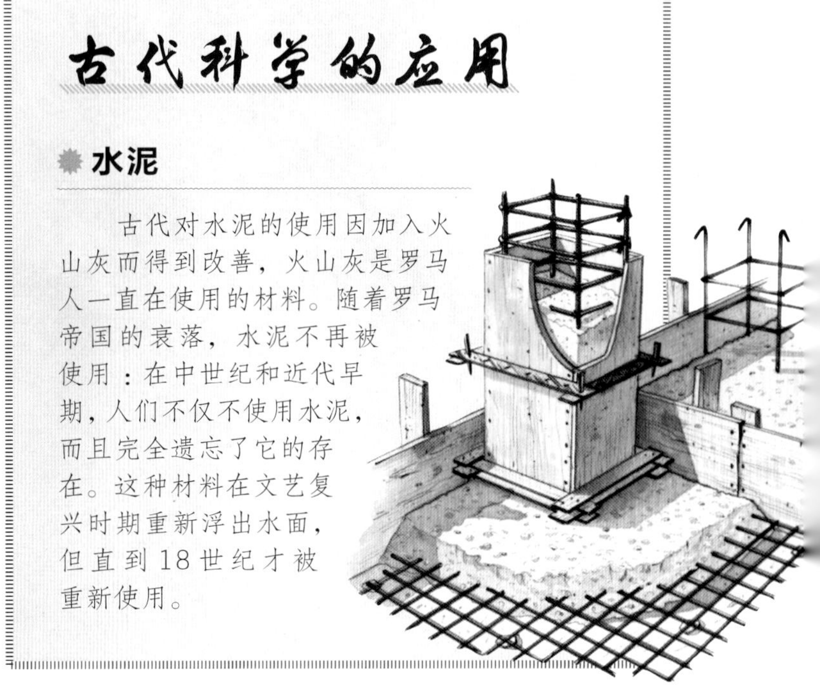

公共浴场内也设有更衣室和健身房。

冷热交替的产物

火与雪是史前两种加热和冷却物体的方法。虽然非常有效，但它们并非总能轻易实现。在古典世界中，这两种原始系统都被取代了。

为避免烫伤脚，人们发明了木制凉鞋，以方便在温泉的各个场所四处走动。

希腊浴场

我们所知道的第一个公共浴场出现在公元前 6 世纪的锡巴里（卡拉布里亚伊奥尼亚海沿岸），那时，只需将热水倒入浴池即可。几个世纪以后，大约在公元前 100 年，在阿卡狄亚地区戈尔蒂斯的奥林匹亚的热水浴场，人们发现了自动加热系统的遗迹。同时，浴场变得日益普遍，在社交聚会中发挥的作用也越来越重要。7 世纪时，当阿拉伯人征服亚历山大里亚时，城内已经大约有 3000 个温泉浴场。

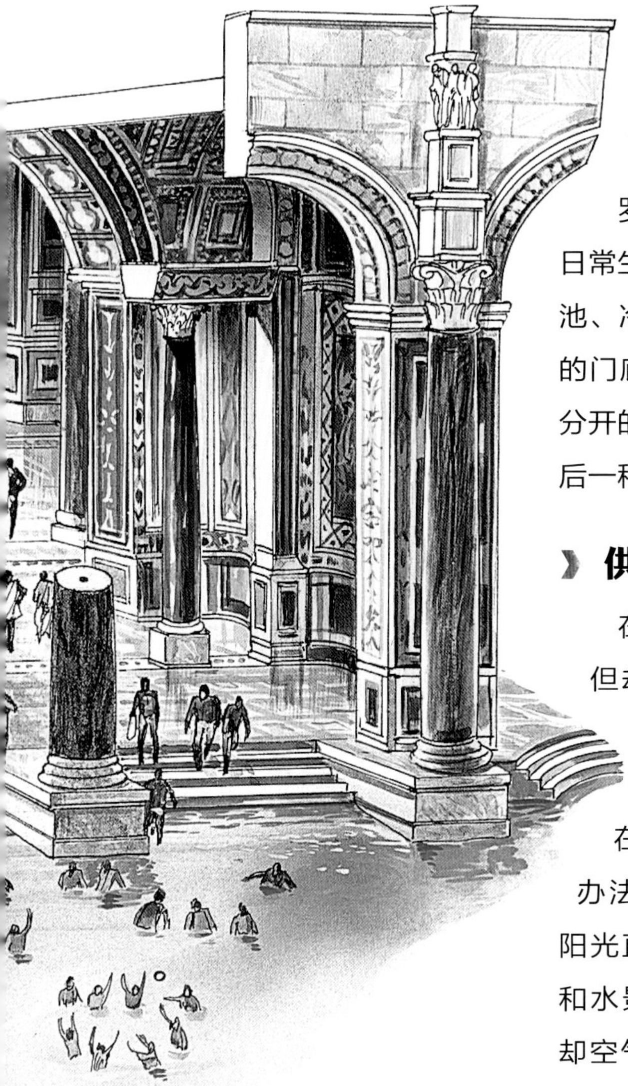

罗马浴场

罗马的公共浴场（自公元前 2 世纪就已经存在）在公民的日常生活中具有不可替代的作用。这里有更衣室、按摩室、热浴池、冷浴池。较大的浴场甚至包含图书馆、阅览室、用来散步的门廊，或用于打球和开展其他体育活动的区域。男女洗浴是分开的，要么分不同的场所，要么是在同一场所但开放时间不同，后一种更为常见。

供暖系统

在希腊和罗马，最昂贵的住宅里都配有高效的供暖系统，但却没有冷却空气的系统。为此，人们采取了多种措施来散热。首先，人们会依据当地的风向来选择建造房屋的地点（如城市中的住宅或农村里的别墅）；然后，在建造房屋方向上也费了心思。为了散发热量，人们想办法使各个房间都处于不同的位置；外部建起门廊，阻止阳光直接照射城墙；所有房屋的内部都建有花园，设有喷泉和水景，这不但给人们提供了一个开放的阴凉地，还可以冷却空气。

早在公元前 2 世纪，罗马就有公共浴场。帝国时期还出现了大型的温泉建筑，如公元 3 世纪时卡拉卡拉皇帝建造的温泉浴场。

用于储存食物的通风塔和通风孔。

供暖室

希腊人有一个非常有效的系统，可为房屋和公共浴池的某些区域供暖：（罗马式的）火炉供暖系统。该系统由 地板下的空间和隔墙之间的空气室组成，加热后的空气通过空气室输送到各个房间里。据记载，奥林匹亚的热水浴场中就曾使用火炉供暖系统，并在大约公元前100年由富翁盖乌斯·塞尔吉乌斯·奥拉塔（Gaius Sergius Ora）将其引入了罗马浴场，有时他也被人们认为是这个系统的发明者。该系统被罗马人广泛使用，它加热均匀，比中世纪的壁炉或火炉获得的加热效果好得多。

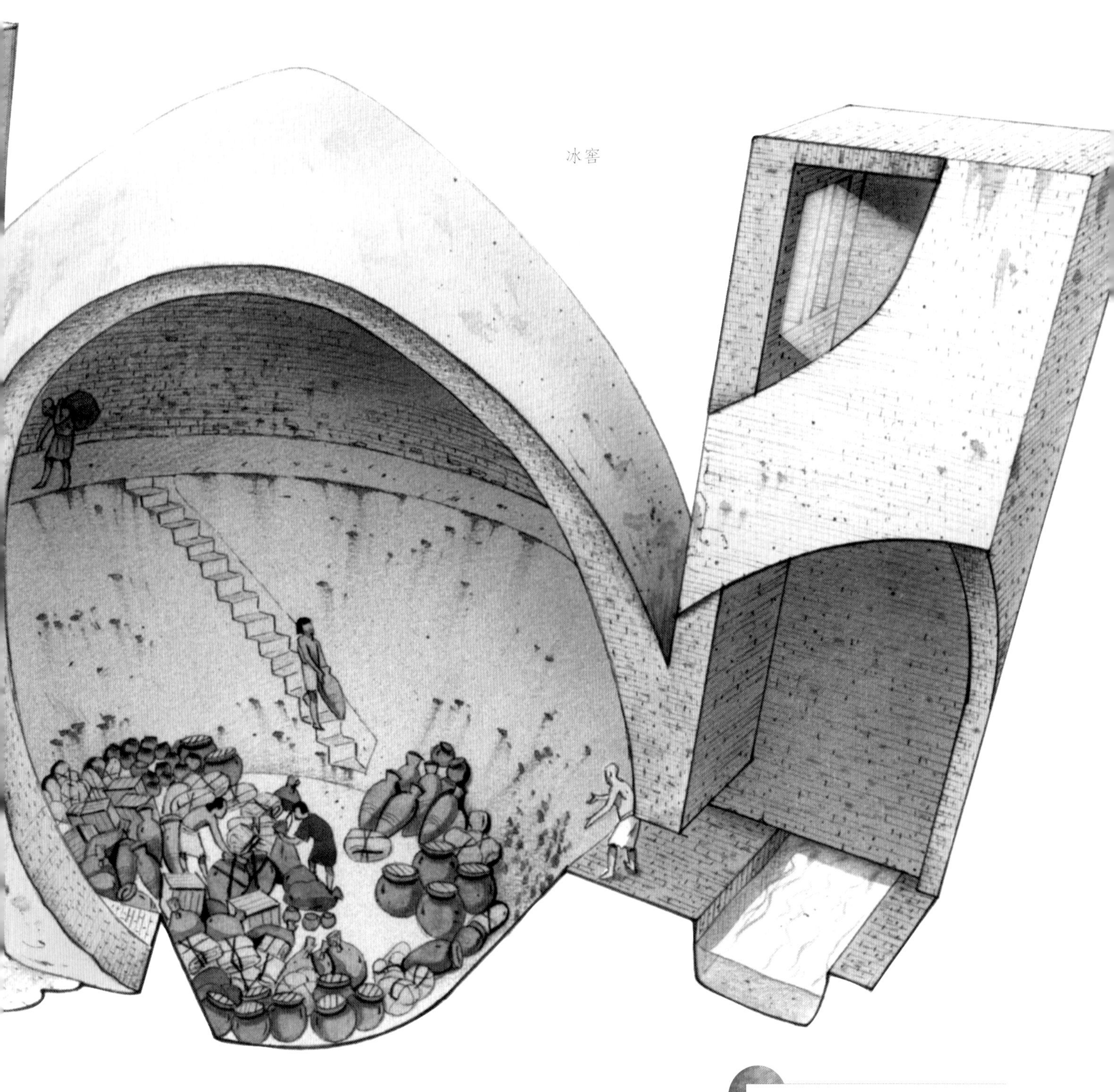

冰窖是指古波斯带有地下部分的圆顶形冰室，其历史可以追溯到公元前4世纪。它是用特殊砂浆建造而成，该砂浆具有非凡的耐热性。为了降低温度，建筑物外部设有通风塔，并在其周围设置流水的通道。

》古代的制冷系统

人们很早就发现了使食物和饮料保持低温的方法：如果将山上的冰雪埋在地底下一定深度，它们就可以保存很长时间。波斯人建造了冰窖，在夏天用冰块来制作冰沙和冰镇饮料。要获得冰水和其他清凉饮料，一个简单方法是将它们储存在罐子里：多孔的黏土罐子会蒸发少量液体，降低罐子内的温度。伊比利亚半岛早在公元前19世纪就已经开始使用这种方法，最古老发现是来自穆尔西亚的阿尔加尔文化。

古希腊世界的七大奇迹

“古代世界的七大奇迹”的作品中，有三项来自古希腊：哈利卡纳苏斯的摩索拉斯陵墓、奥林匹亚的宙斯雕像和以弗所的阿尔忒弥斯神庙。

摩索拉斯陵墓

今天，“陵墓”一词通常指坟墓。现位于土耳其西南方的哈利卡纳苏斯的摩索拉斯陵墓最初是为了纪念加里亚国王摩索拉斯。公元前 4 世纪时的摩索拉斯还只是波斯帝国阿尔塔薛西斯二世的儿子、加里亚省的总督，他选择了希腊城市哈利卡纳苏斯作为其统治地区的首府。这座陵墓融合了希腊和东方的特色，最下层是具有东方特色的三层底座，底座之上是伊奥尼亚式立柱，然后是没有顶的金字塔，最上面是战车。但此纪念塔最著名的还是环绕其四周建筑之上的杰出雕塑。

现在英国伦敦的大英博物馆中还保留着放在陵墓顶部的马匹和战车的残骸。

老普林尼在《自然史》中给我们留下了关于摩索拉斯陵墓的描述，包括上面的大理石战车在内，建筑物的高度达到 140 英尺，相当于约 42.6 米。

菲狄亚斯

生活在公元前5世纪的雅典雕塑家和建筑师菲狄亚斯，是古代最著名的雕塑家。他跟执政官伯里克利关系密切，受其委托创作了一些著名的作品，其中就有放在帕特农神庙中的雅典娜神像，这座神庙里的所有壁画他都参与创作。但他的雕塑作品中，只有少数是通过复制品为我们所知的。

奥林匹亚的宙斯雕像

古典时代最著名的作品是奥林匹亚宙斯雕像，是由当时公认为最伟大的古典雕刻家菲狄亚斯用黄金和象牙制作的。宙斯像高达12米，木芯，外贴金箔和象牙。

在罗马时代希腊史地理学家帕萨尼亚斯的描述里，宙斯半赤裸地坐在他的宝座上，装饰着动物形象的披风搭在左肩并垂至他的脚。他头顶戴橄榄枝编织的王冠，左手握着一根金属质鹫首权杖，右手则托着象牙及黄金制成的胜利女神像。用蓝色大理石装饰的底座高1米，上面浮雕出奥林匹斯山上的众神。

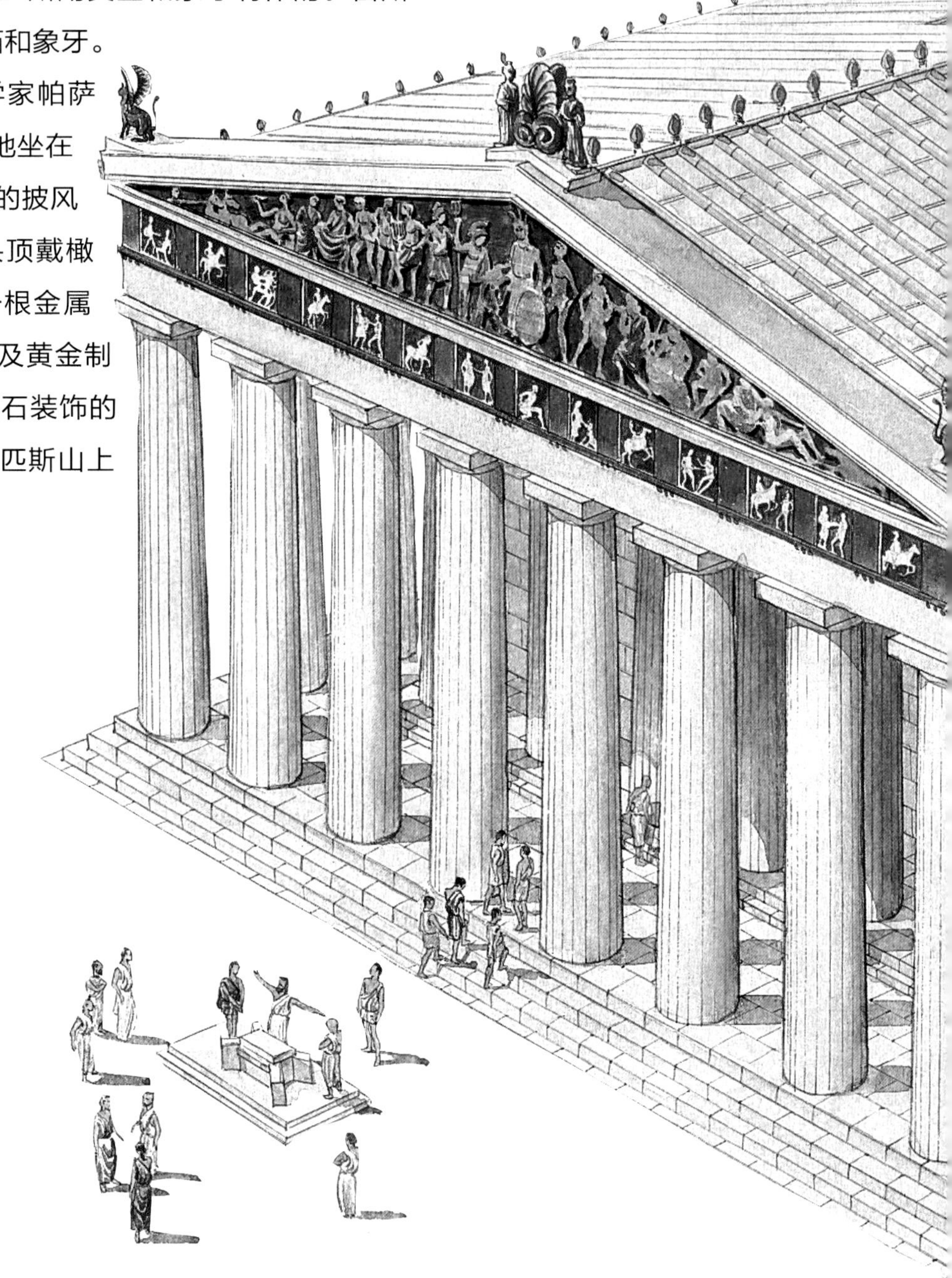

宙斯的头部几乎触到了神殿的屋顶，底座表面布满浮雕，面积超过了60平方米。

根据希罗多德的说法，以弗所阿尔忒弥斯神庙所有的柱子都由吕底亚国王克洛伊索斯捐赠。普林尼却说，神庙里的127根柱子是用来自亚洲各地的钱建造的，历时120年，这些巨大的圆柱来自各国国王的礼物。

神庙的重建工作于公元前3世纪上半叶完成。奥古斯都在位时它曾遭遇火灾，在公元前263年的入侵中被哥特人摧毁。

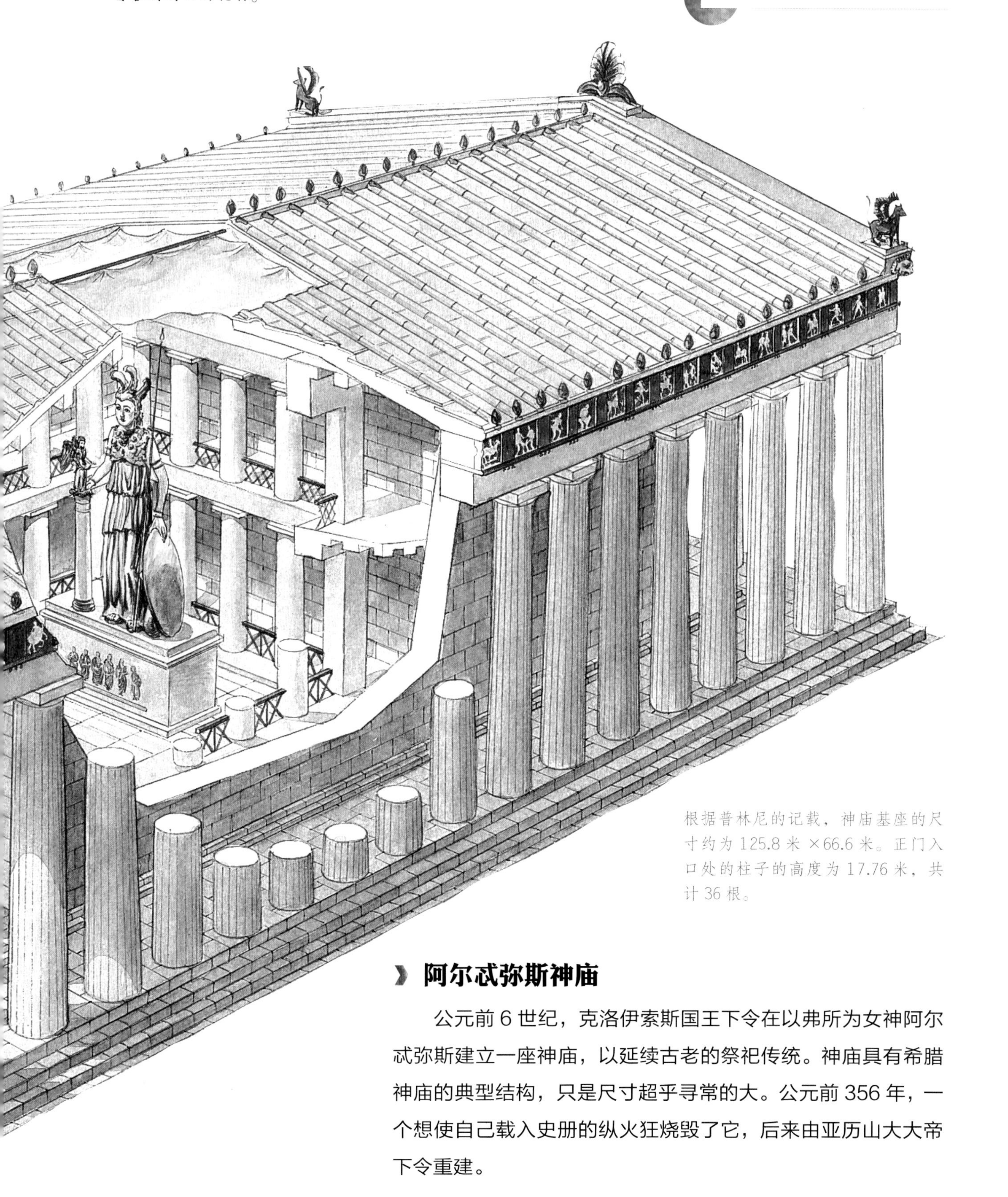

根据普林尼的记载，神庙基座的尺寸约为125.8米×66.6米。正门入口处的柱子的高度为17.76米，共计36根。

》阿尔忒弥斯神庙

公元前6世纪，克洛伊索斯国王下令在以弗所为女神阿尔忒弥斯建立一座神庙，以延续古老的祭祀传统。神庙具有希腊神庙的典型结构，只是尺寸超乎寻常的大。公元前356年，一个想使自己载入史册的纵火狂烧毁了它，后来由亚历山大大帝下令重建。

水运

利用自然坡度来运输水是相对容易的。但是，当水流无法顺利向下或者需要越过高山到达目的地时，问题就出现了。

公元 90 年，为给德卡波利斯市供水，叙利亚的罗马军团在岩石上开凿的水渠几乎长达 100 千米。

虹吸原理

如果将水倒入“U”形管的一个分支，水会通过管子上升到该管的另一分支，这种现象通常被称为“虹吸原理”，人们用它帮助渡槽克服自然凹陷，从而使水从低处升至高处。该过程的困难跟水在最低点处所承受的压力大小有关：这个压力相当于与水位差相同高度的水柱所施加的压力。如果液位相差很大，管子的抗压能力不够，高压就会使管子破裂。

罗马渡槽是承重结构中的杰作，却不是水利工程的宏构，然而希腊人对它的应用却取得了令人惊讶的效果。

帕加马渡槽

帕加马是我们能获得最多信息的渡槽之一（这要归功于考古遗迹）。由于城市大多建在山顶，供水是一个普遍的问题。一直以来人们都是通过收集雨水、打井和储存来解决用水问题。但在希腊化时代，人们建造了一条将近 40 千米长的渡槽，将水提升到 1200 多米，并穿过一个廊道送到帕加马城堡上方约 15 米见方的水池中。

在这里，人们再利用虹吸原理，将水从管子引到山谷的底部，在将近 20 个大气压的压力下，再上升 190 米回到城市。在当时，使用渡槽运水是很常见的。实际上，现在我们至少已经找到了古希腊 9 个已知渡槽中的 7 个。

古代最具有意义的压力传导是帕加马渡槽，它克服了 190 米的落差，在山谷底部达到了近 20 个大气压的压力。

古代科学的应用

渡槽和虹吸桥

渡槽的管子必须能够承受高压且不会破裂。帕加马渡槽中使用的是铅管，并被安装在带孔的石块中。由于较小的管子可以承受较高的压力，罗马人经常使用多根管子并联。例如，为里昂市提供服务的渡槽，就是由9根铅管组成，成功穿越伊泽隆河谷。如果水位差导致的压力过大时，人们就采用虹吸桥原理：通过在管子所处的谷底建造一座桥来减少水位差，支撑管子。

水运与现代科学

在15和16世纪，关于计算管子输送的水量如何在用户之间平均分配的争论很多，许多科学家（包括达·芬奇在内）试图解决这个问题均没有成功。17世纪，借助于意大利数学家贝尼代托·卡斯泰利（Benedetto Castelli）重新引入了流量的概念，解决方案因此出现。伽利略本人也被征求意见，讨论是否有可能通过建造虹吸桥来改善热那亚的渡槽，这项工作于1660年开启，经过技术人员长达一个多世纪的努力，最终于1772年建成。但是，当时的管子却无法与水压抗衡。经过数次尝试，直到1793年它们才真正投入使用。

压力管子将水库的水域与水力发电厂的涡轮机连接起来。

大穹顶：万神殿和圣索菲亚大教堂

如果想要建造一个大型穹顶，就必须考虑很多因素，如所用的材料、穹顶的形状和要遵循的技术条件。不同的模式会呈现非常不同的结果，特别是在稳定性方面。

奥古斯都的女婿马库斯·维普萨尼奥·阿格里帕（前63—前12）是现在的万神殿被烧毁之前的建造者，重建后的门廊顶铭文仍留着他的名字。

“第三任执政官，卢修斯的儿子马库斯·阿格里帕建造此庙。”这是在万神殿重建后仍保留的原始铭文。

穹顶

在古典希腊，圆形是人们在建筑物中一直力避出现的形式，直到希腊化时代，但这种说法在当时并没有相关记录。罗马和拜占庭时期，大型穹顶层出不穷，但到了中世纪的欧洲已不再流行。文艺复兴时期，它们重新出现，使用的技术有些（例如佛罗伦萨建筑家布鲁内莱斯基）至今仍然无法完全破解奥秘。

罗马万神殿

现存的万神殿是在哈德良皇帝的统治下建造的，取代了之前奥古斯都时代的神庙。该建筑的穹顶直径近43.5米，是有史以来最大的穹顶之一。它是先搭建一个木制框架，再浇筑混凝土成型，最后将内部的木结构拆除。所使用的混凝土不是均质（匀浆）的，而是随着混合物的增加而变得越来越轻的混合物的结果。我们不确定谁是建筑师，但很有可能是大马士革的阿波罗多洛斯。

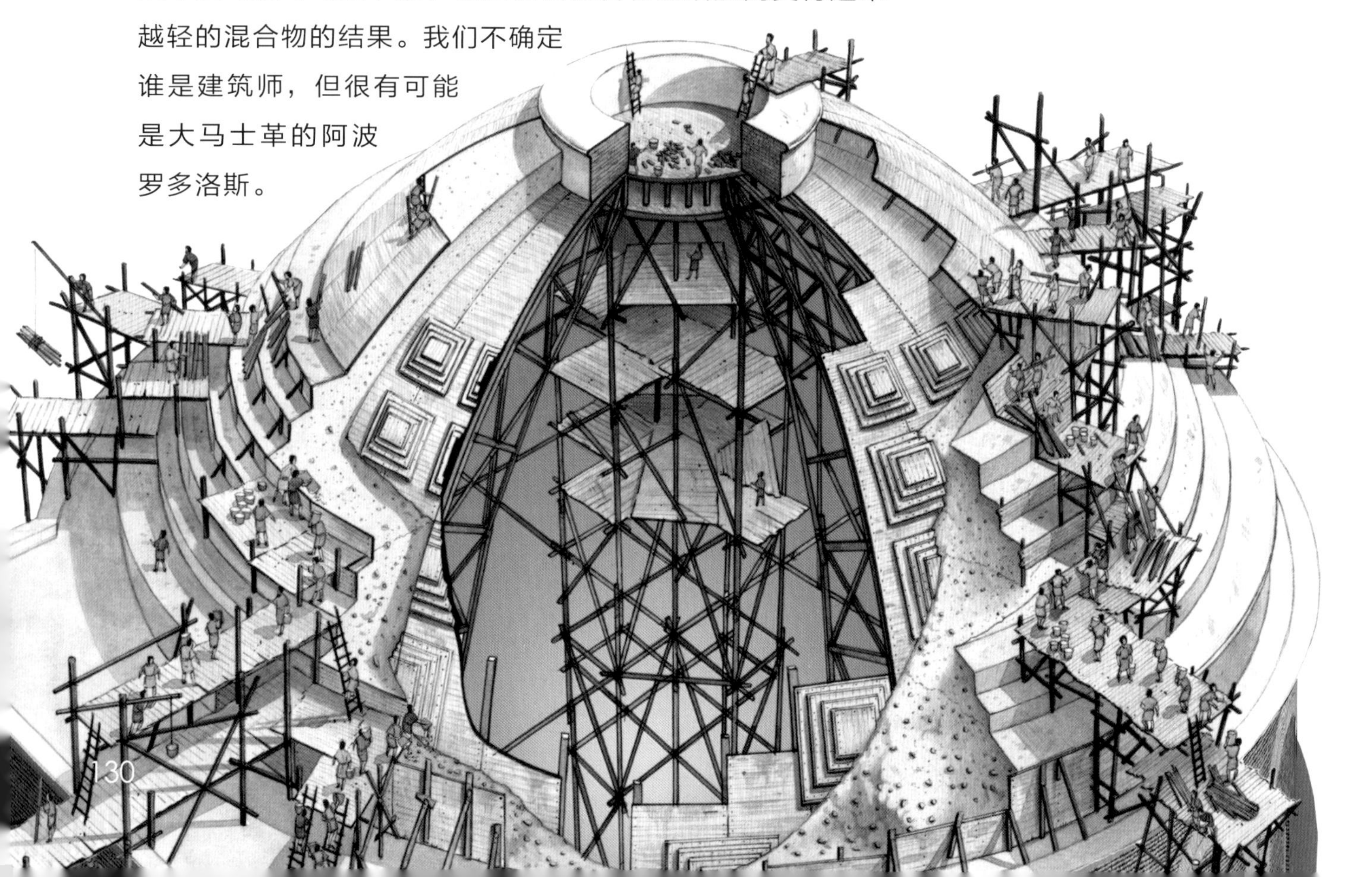

圣索菲亚大教堂的建筑师

数学家特拉勒斯的安提莫斯与物理学家米利都的伊西多尔一起设计了圣索菲亚大教堂。伊西多尔不仅仅是一位建筑师，在6世纪上半叶，他还是拜占庭早期最杰出的学者之一。他研究了几何和语法，但我们却只有几页他的著作《力学悖论》。

伊斯坦布尔的圣索菲亚大教堂

伊斯坦布尔的圣索菲亚大教堂（圣索菲亚大教堂希腊语是“上帝智慧”）是在查士丁尼一世的要求下，在以前是基督教教堂的地方建造的。这项工程始于532年，落成于537年，当时的伊斯坦布尔还被称为君士坦丁堡。

圣索菲亚大教堂是基督教世界中最大的教堂（当时是东正教教堂，后改为清真寺，现在是博物馆），顶部的大型穹顶在558年的地震中被损坏。后来人们意识到教堂扁平形状不是最适合支撑巨大负载的结构，于是换别种形状进行重建，使其足以抵抗989年的大地震。

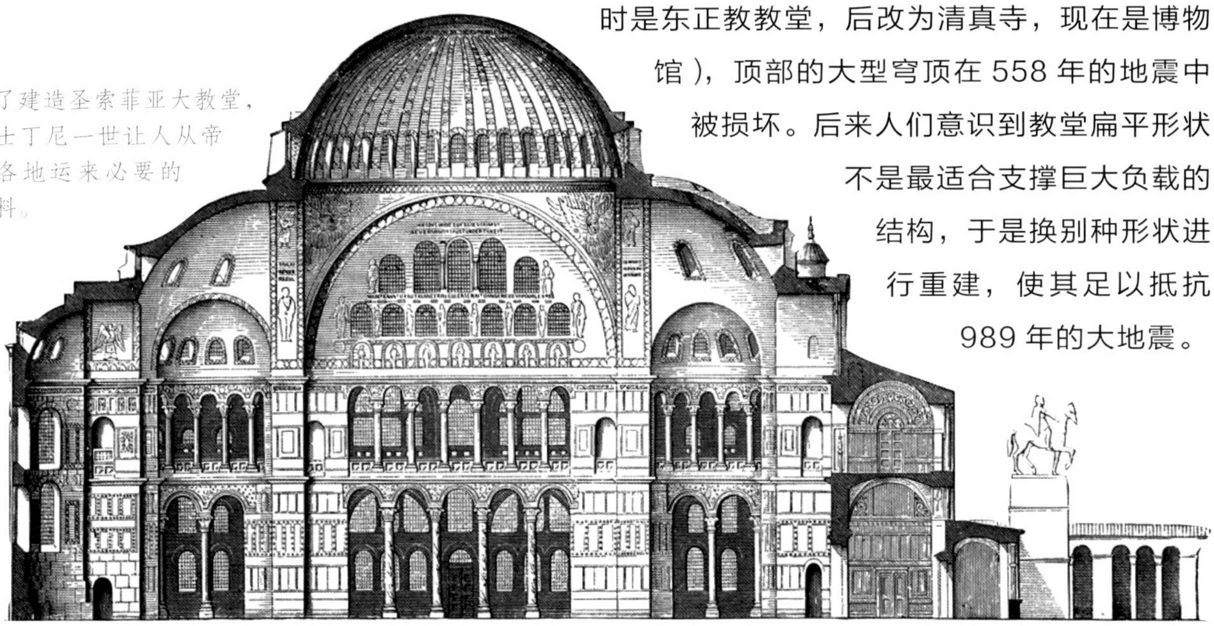

为了建造圣索菲亚大教堂，查士丁尼一世让人从帝国各地运来必要的材料。

古代科学的应用

布鲁内莱斯基的穹顶

1420年至1436年间，杰出的佛罗伦萨建筑师菲利波·布鲁内莱斯基建造了圣母百花大教堂（花之圣母大教堂）的穹顶。布鲁内莱斯基对万神殿研究了很久，但由于当时的他还不知道如何使用水泥，因而无法重复建造过程。我们不知道他是如何做到的，他的穹顶通过巧妙安排砖块（使用称为“人字形”的技术）使得重量能够以类似于拱形的方式被减轻。其结果是诞生了历史上最伟大的建筑作品之一，它至今仍是世界上最大的砖石结构穹顶。

文艺复兴时期的穹顶

文艺复兴时期虽建造了各种穹顶，却没有一个能达到布鲁内莱斯基的尺寸。其中最引人注的是15世纪末的米兰圣母玛利亚教堂，布拉曼特被认为是建筑师（目前不太确定）。另一项归功于他的项目是圣彼得大教堂（有一个大圆顶），但是，他于1514年不幸去世，最终也没能完成这项工作。经过几位建筑师之手后，1546年这项工作被分配给了米开朗基罗，他根据自己的设计开始了圆顶的建造。他去世后，由著名的古典主义建筑师贾科莫·德拉·波尔塔继续完成。

船舶制造

海军工程和导航技术的水平决定了不同文明帝国的商业和军事能力。而且，在车轮发明之前数千年，人们就已经开始建造帆船。

第一批帆船

最早的造船者似乎是埃及人，他们在3000年前的壁画中就绘制了帆船的图案。腓尼基人也是伟大的航海家，他们不仅使用船只进行商业交易，还建造了远胜他们同时代人的战舰。

巨型战舰

古典希腊时期，三列桨战船是地中海的主导，它们使用风帆航行，船首装备有可以刺破敌舰的青铜撞角。几个世纪以来，人们一直在讨论“trirreme”这个名字的含义，如今，大多数专家认为，它指两侧有三层桨手的船，为保证效率，每层桨手的位置并不同。

希腊化时代，战船变得越来越巨大，出现了四列桨舰和五列桨舰，每侧配备多达40或80列桨，虽然人们倾向于认为每1支桨可能配有2个桨手，但针对这个问题还存在很多不同而复杂的解释。例如，在五列桨战船中，每层各安排有不同数量的桨手，且位置还得不同，还要考虑高度适合的问题。因为从桨入水的角度琢磨，实际上想要建造更多的层数是不切实际的，桨和水面是不太可能呈垂直角度。

托勒密四世40列桨座巨舰是不可能实现通航的，人们猜测托勒密四世建造它，可能仅是为了彰显自己的权威。

泰萨拉孔泰雷斯号（Tessarakonteres）是一艘建于公元前3世纪的巨型双体船。它由埃及的托勒密四世下令修建，长约130米，需要4000名桨手。

目前唯一保留了图像的巨轮是由安提戈努斯·戈纳塔斯在公元前258年建造的。

轮船

4世纪时，一佚名作者的拉丁专著《论军事》中描述了几项军事目的的发明，其中包括一艘想象中由牛推动的带轮子船，我们不知道这是作者的纯粹幻想，还是根据实际建造的古时轮船的记载（可能是扭曲了）。19世纪建造的第一批蒸汽动力船是由桨轮驱动的，后来才使用螺旋桨。

》逆风航行

在航行中，不一定要顺着风的方向航行：你几乎可以选择任何与风向不一致的方向，通过走 Z 字形路线到达与风向相反（上风口）的地方。这种技术（顺风或逆风）在古代就已经广为人知。希腊哲人菲洛斯特拉图斯认为这些技术是腓尼基人发明的。在亚里士多德的《机械问题》一书中，他很明确地列出了科学依据。在现代欧洲，直到 18 世纪矢量微积分的发展，才有了这种方法的科学理论。

希腊人的船体内部有铅，以保护它们免受凿船虫、木虫和其他以木材为食的软体动物的侵害。

》潜水

如果我们将自己放进在一个罩子里，并把罩子放在水里（重量要适当，以免发生旋转），它内部的空气就可以让我们保持一段时间的呼吸。在罩子的帮助下进行下潜的创意一如往常地归功于达·芬奇，他在《大西洋古抄本》中提到了这些想法。实际上，亚里士多德已经在他的《机械问题》中认为水下的这种罩子是渔民在当时使用的一种捕鱼用具。在近代，第一个水下潜水罩是在 1535 年应用的，在接下来的 1 个世纪也就是 17 世纪，渔民们再次使用了它们。现如今人们使用的潜水罩可以持续地提供空气供应。

卡利古拉皇帝于公元 40 年，用船将长度为 90 米的方尖碑从亚历山大里亚运送到罗马。

古代科学的应用

船体尺寸

希腊船舶的长度会超过 100 米："叙拉古号"的高度为 110 米，与它长度相同的是 Leontophoros 号，这是一艘建造于公元前 3 世纪初的军舰，并成功用于战争中。作为比较，克里斯托弗·哥伦布的"圣玛丽亚号"长 26 米，于 1620 年到达北美的"五月花号"长 33 米，1805 年特拉法尔加海战中英国海军上将乘坐的"胜利号"长度将近 70 米。

预制船部件

一艘在西西里水域发现的公元前 3 世纪的布匿船，使我们有可能研究制造这种船的技术。布匿船中有制作独立的、"预制"的部件，上标有符号和字母，方便后期快速地进行组装。威尼斯共和国的大帆船也以预先准备好配件的方法，进行"串联"安装。各种零件被运输并储存在港口，以便在短时间内修复受损的船只，就像现代我们所用的模式一样。

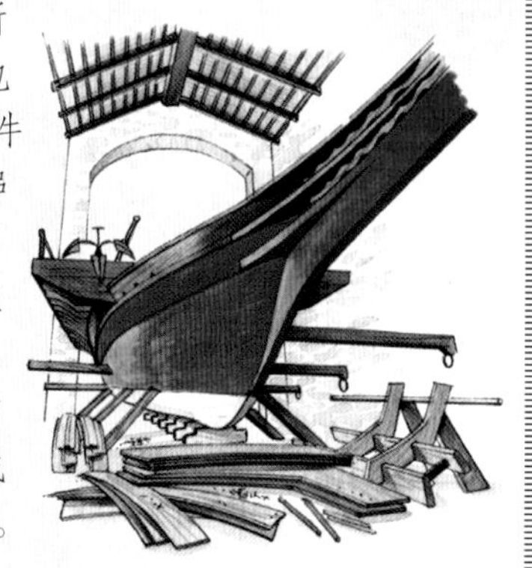

聚焦：叙拉古号是古代最大的船吗？

公元前3世纪的叙拉古有可能建造了欧洲最大的古代战船。该船由希罗二世委托科林斯的建造师阿基阿斯（Archias）设计，阿基米德监造。

船舶的下水

将"叙拉古号"这么大的船拖入海中并不容易，这个过程经过了长时间的讨论，直到阿基米德解决了这个问题：使用他发明的特殊机器，几乎不需要多少人力就可以让这艘巨大的船入海。我们不确定这台机器是如何构造的，可能是一个由多个滑轮组成的提升机。

流体静力学与造船工程

“叙拉古号”的建造由阿基米德监督并非偶然。实际上，他是流体静力学的创始人（在《论浮体》中有过阐述，该著作一直流传至今），多亏有了这门科学，人们才有可能在设计和建造船舶前，先在理论上计算出它能否保持漂浮，吃水线应该是多少，以及船舶的垂直结构是否稳定（即它是否会因海浪引起的摇摆而受到影响）。流体静力学的诞生帮助所有希腊城邦建造出了前所未有的大型船舶。

下水后，阿基米德又经历了6个月的建造，整艘大船才算最终完工。

巨大的“叙拉古号”只能借助阿基米德设计和制造的绞盘系统才能下海。

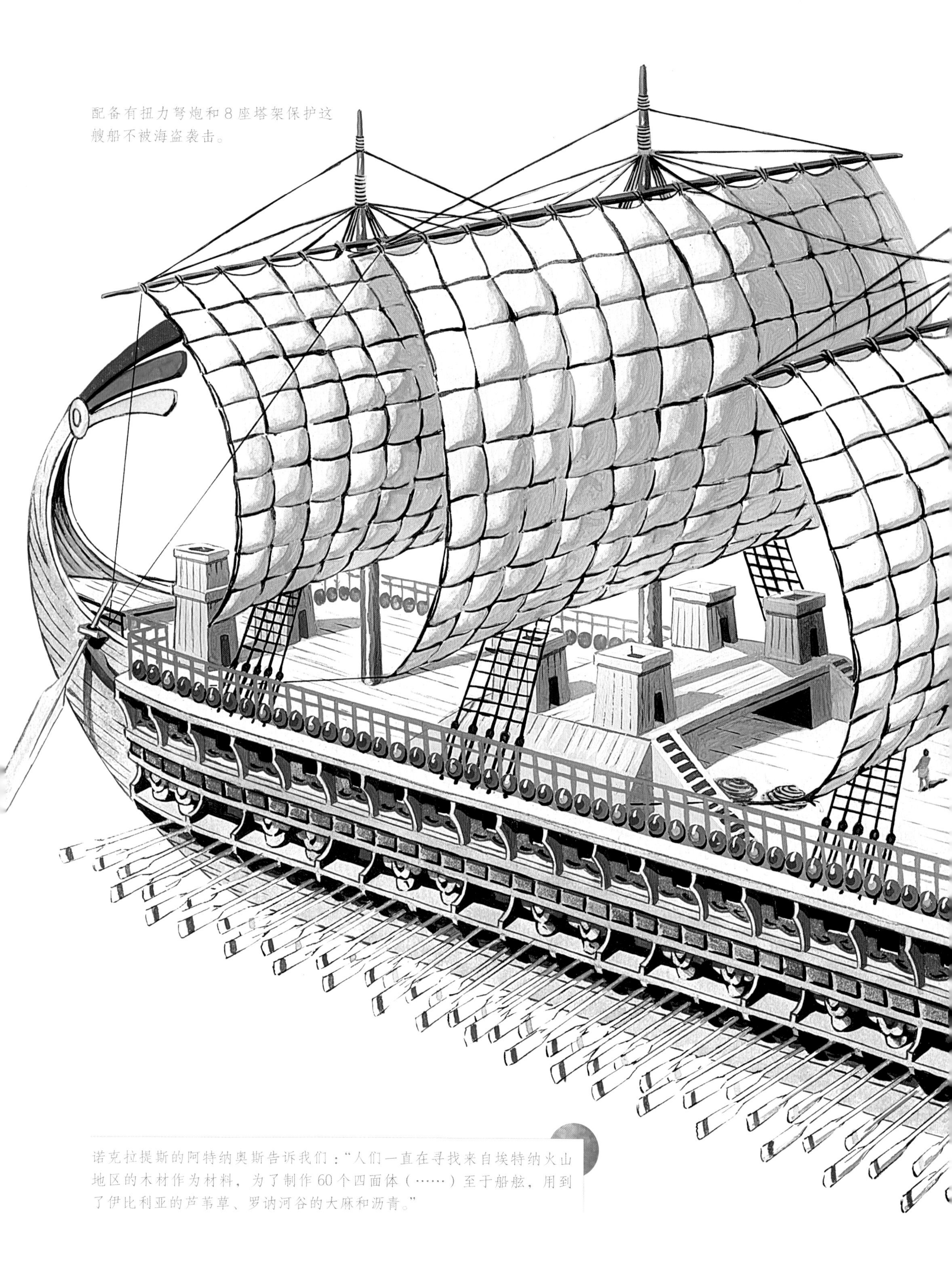

配备有扭力弩炮和8座塔架保护这艘船不被海盗袭击。

诺克拉提斯的阿特纳奥斯告诉我们："人们一直在寻找来自埃特纳火山地区的木材作为材料，为了制作60个四面体（……）至于船舷，用到了伊比利亚的芦苇草、罗讷河谷的大麻和沥青。"

关于“叙拉古号”

关于这艘船的信息来自建造时一位技术人员的描述，由诺克拉提斯的阿特纳奥斯保存了一部分。由此，我们得知，船体甲板最高处有一个体育馆、栽种着树木和其他植物的空中花园，及一座供奉阿佛洛狄忒的庙宇。除了众多的客舱外，船内还有一间与图书馆相邻的学习室。该船还备有20个马厩。为了防御可能的袭击，船上还有8座装有炮弹的塔楼，可以从高架平台上发射，打击敢于靠近两边舷侧的船只。每个塔由4名士兵和2名弓箭手驻守。该船还载有射程近180米的强大扭力弩炮。

“叙拉古号”的建造

“叙拉古号”的建造除阿基阿斯和阿基米德外，还有大量的建筑师及各类工匠和工人参与其中。希腊语法学家诺克拉提斯的阿特纳奥斯记述说，它使用了足够的木材建造了60个四面体，仅是将覆盖有铅片的船体连接起来并投入使用，就动用了300名工匠和他们的助手。显然，这艘船是在陆地上用时6个月建造了一半，另一半是在海上完成的。这意味着船在下海时甲板以上部分都没有，它们是在下海后加装的。

船舶

“叙拉古号”是艘商船，被认为可以运载约2000吨的货物。它是第一批（也许是第一艘）带有铅衬船体的船。尽管它不是一艘军舰，但搭载了200名士兵和各种战争武器，全副武装后可以抵御可能的海盗袭击。苦于它的尺寸如此之大，以至于几乎没有港口能够容纳它。正因如此，希罗二世在埃及发生饥荒的时候，决定把它作为礼物送给埃及君主托勒密三世，他把船名改为“亚历山大号”并附上了一船粮食。但是，我们没有在埃及的任何文献中看到关于这艘船用途的任何信息。

防御工事和攻城机

战争需求一直是技术发展的主要动力之一。防御工事的进步与能够成功攻击防御工事的武器之间的长期竞争尤其重要。

战争中的围困

公元前 4000 年中期，在城墙的保护下，城市可以抵抗敌人的攻击。在古典希腊世界中，能够摧毁城墙的投掷武器还没被发明出来。一个被围墙保护的城市只有围困够久（居民被饿死）或用攻城锤击倒城门后才有可能投降，在后一种情况下，被围困者的优势是能够轻松地从上方击中攻城者。因此，一般来说，这时的战争或为复仇，或为荣誉，很少是为了征服城市。但到了亚历山大大帝时期，技术的发展从根本上改变了这种状况，能够摧毁城墙的大型攻城器械和能够突破城墙的投掷武器（如扭力弩炮）出现了。攻城者的优势明显后，守城者就建造更厚的城墙，城市的独立性逐渐消失，大的国家开始出现。

攻城者（攻城塔）

攻城者（攻城塔）是在公元前 305 年围攻罗得岛时使用的一种攻城机械。那是一座高 40 多米的大木塔，用轮子移动，它装备有许多弹射机和一座移动的渡桥，可在敌人的城墙上下移动。它有防火功能，暴露的三个侧面都覆盖有铁板。正如我们已经看到的，罗得岛的居民也正是使用这台机器的材料建造了巨像。

在围攻腓尼基提尔城（公元前 332 年 1 月至 7 月）期间，亚历山大大帝使用了安装在附近的两艘船上的巨大攻城塔。这些塔楼配备了强大的扭力弩炮。

塔楼的前墙覆盖着浸湿的皮革，以防火攻。

叙拉古的城墙

公元前 402 年至前 397 年间，西西里僭主狄奥尼修斯一世下令修建叙拉古城的城墙。城墙是古典时代运用最广泛的防御系统。虽然伯罗奔尼撒战争期间雅典人对西西里岛的远征（前 415—前 413）以叙拉古的胜利而告终，但狄奥尼修斯一世还是决定建立一个由塔楼保护的围墙，它不仅覆盖了城市和港口，还囊括了整个近城高原。该围墙环长 21 千米，在欧里亚洛城堡达到最高点。这个围墙由三段接连不断的护城河保护，并带有双层围墙，地下通信系统使得士兵的战略部署可以避开敌人的视线。

君士坦丁堡的城墙

尽管君士坦丁大帝后来建造了新的城墙，但君士坦丁堡（今伊斯坦布尔）早在拜占庭时期就修建了。然而，在接下来的几个世纪里，狄奥多西二世在 5 世纪初又修了一条较宽的围墙带。狄奥多西二世建造的城墙长约 8.5 千米，围住了整个城市，一直延伸到大海。它有相连的两圈围墙，外部由护城河保护，内圈城墙厚 2 米，高 8.5 米，尽头是一条带城垛的人行道。内圈城墙与外圈的距离为 15—20 米，外圈的城墙厚 5 米，高 12 米。内外圈墙体由 96 座高 18—20 米的六角或八角形高塔加固。该墙在 19 世纪被部分拆除。

罗马帝国的边界

罗马帝国的大部分边界（称为国界）都有天然屏障的保护：沙漠、山脉或河流，如莱茵河和多瑙河。在每条边界线附近都有一条堤道，沿着这条堤道，每隔一段距离就会出现一些堡垒和瞭望点。在缺乏天然屏障的地方，边界由墙或栅栏和护城河保护。沿着国界建造的防御工事尤为重要，它从莱茵河畔的诺伊维德延伸到多瑙河畔的凯尔海姆，以保卫上日耳曼尼亚省。哈德良长城是一项气势磅礴的石头防御工事，保护了罗马的不列颠尼亚。

狄奥多西二世皇帝加固后的君士坦丁堡城墙，被认为是古代最重要和最复杂的军事工程之一：它们经受了 1000 多年的围攻，直到 1453 年，在土耳其人大炮猛烈的攻击下，才破坏了这一结构。

NO.4

科学知识

Thule
Scandia
Germanicus Oceanus
Hyperboreus M.
Alani
Scythæ
Dacia
Asia Min.
Caspium M.
Sacarum Reg.
Bactria
Media
Parthia
Aria
Susiana
Persis
Persicus Sinus
Carmania
Gedrosia
Cyrenaica
Phazania
Garamantes
Æthiopia
Meroë
Minæi
Sabæi
Homeritæ
Syagros Pr.
Dioscoridis I.
Aromata Pr.
Lymirca
Mæsolia
Gangeticus Sinus
Taprobane
Paludes Nili
Rapta
Menuthias Ins.

人类对知识的追求是永恒的，但是我们今天对它的关注应当归功于希腊人。他们是最早将知识应用于实际案例和生活所需的人。希腊化时代是古代伟大发明最丰富的时代，数学虽然曾经应用于现实生活，但它最初是先形成了一个复杂的思想体系，后来精确科学才开始应用于所有领域。

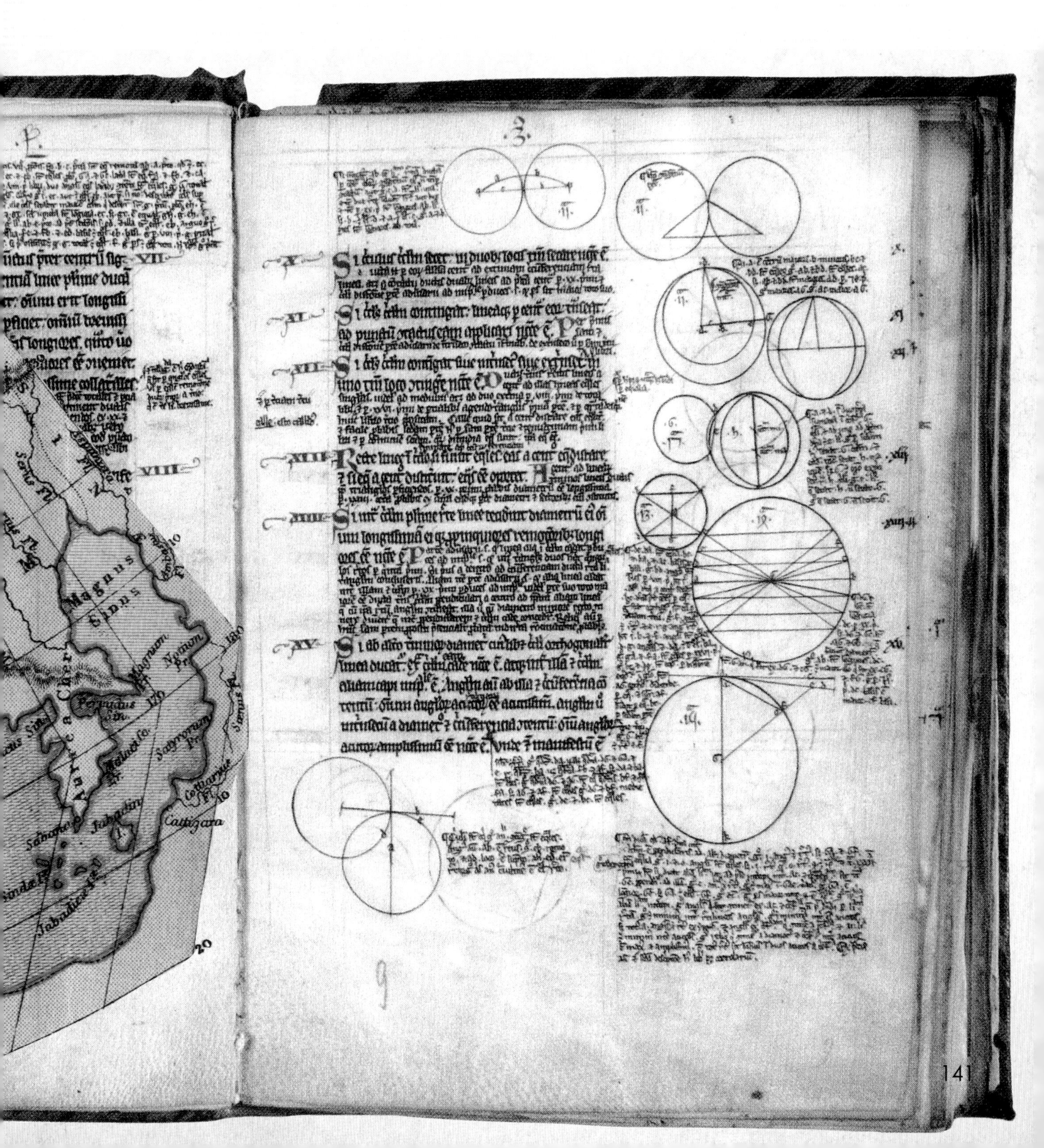

科学的征服之路

数学

数学一直被认为是希腊科学的核心（正如我们现在所破解奥秘的），是希腊这一伟大文明的主要贡献之一。它的科学方法基于对假设的证明和对定理的阐述，从本质上讲，至今我们仍然在使用这种方法。除了代表数学学科基础的欧几里得几何学之外，古希腊科学家们还研究了许多其他课题，如平面和球面三角学或数论的重大发现（证明了质数的无限性）。在几何学中获得的主要结果中，包括用平面切割圆锥体得到的三种曲线（圆锥曲线）：椭圆、抛物线和双曲线。无理数的发现引发了数学危机，产生了不可约数之间关系的理论（之所以这样命名，是因为它们不能用线段测量，像无穷小数）。

在阿基米德的作品中，研究了不同阶的无穷小，并展示了如何通过将平面图形分成无限小的部分来计算其面积，这为现代的“无穷小分析”奠定了基础。然而流传下来的资料并没有保存研究过的所有成果，直到最近，人们才根据不同作者著作中的参考文献，特别是普鲁塔克的一段话，重构了组合微积分的一些复杂成就。希腊数学的典型方法，包括证明一些基于假设提出的定理（或结论），不仅应用于今天的数学领域，人们还通过这一方法证明了大量的科学事实，被认为是“数学的科学”，其中包括天文学。

天文学

尽管在希腊之前的文明，特别是美索不达米亚的文明中，人们已经仔细观察过天体现象，但希腊天文学从不同角度取得了截然不同的成果。几何模型第一次被开发出来，使得人们描述和预测天体的运动成为可能，并用它建立了机械模型来展示天体的运动（如安提凯希拉机械装置）。也许更重要的意义在于，人们意识到地球只是天体之一，这正是阿里斯塔克斯日心说所缺乏的证据。

机械学

希腊语中“机械”一词既可代指科学，也可指一种特定的技术。有时用于特定机械装置术语的“机器”具有诡计、狡猾的原始含义。严格的机械学使我们好像获得了超越自然的力量，如用很小的力量举起巨大的重量、借助风向反向航行、利用阿基米德螺旋泵使水上升等。但是，除技术应用（尤其是战争机械的设计）外，机械学也可以用来解释天体的运动。在关于机械的古希腊论著中，只有阿基米德一篇简短的文章留存了下来，这无疑是一部更为庞大的著作的一部分。

其他精确科学

除了天文学和机械学外，希腊科学家还开发了其他精确科学，这些科学能从假设中得到证明，在当时被认为是数学的一部分。它们中的每一个都被视为特定现象和技术的数学模型。

视觉理论称为光学，用来解释视觉现象，并在所有需要视觉的领域得到应用，从影像艺术到地形学或天文学。数理地理学提供了地球表面的数学模型，根据经纬度揭示了主要的气候带和一天的不同时长，并可以绘制出带有各地坐标数据的地图。流体静力学，作为海军工程的实用工具而诞生，在各个领域都有意想不到的应用。声学，用于剧院设计创造音效，与音乐理论接壤。

至于气动学，因为没有关于该主题的相关著作流传下来，所以不知道它是否也被列入精确科学。但是，毫无疑问，它采用了实验方法并促进了技术的发展。

解剖学和生理学

人体的解剖（术语的原始含义为“解剖学”）以及在该领域中实验方法的使用也开辟了一个新知识的世界。科学家新创了一个术语，以命名迄今为止被忽略的解剖领域，开始研究生物的各个部分及其不同功能。

在希腊时期之前，神经系统的存在是未知的，后来人们描述了其各个组成部分的解剖结构和功能。许多生理学研究都与技术发现有关：当发现心脏瓣膜时，瓣膜功能便开始投入应用；心脏作为泵的功能使人们建造了第一批工业用泵；肺部的抽吸作用在诸如注射器之类的器械上再现。人们还发现了呼吸和燃烧之间的联系：虽然是两个不同的过程，但均需要氧气的参与。

自然科学

随着亚历山大大帝的征服，新的领土被并入希腊，已知的动植物的种类也大大增加。人们开始用实验方法研究它们，在某些地方，如亚历山大里亚的动物园（只供博物馆的先贤使用）或进行农业实验的帕加马国王的花园，非常有用。关于自然的知识，在植物、动物和矿物学方面，都取得了飞跃性的进展。

古希腊神话中的擎天巨神阿特拉斯神。

地球的形状

希腊人推测出地球是圆的：这是一个在以前的文明中从未提到的结论。希腊人不仅设法了解了它为什么是圆的，还测量了它的半径。

从阿那克西曼德到巴门尼德

最早时，人们认为大地是个平面：天空之上和地面之下通常被认为是坟墓。正如我们在本书开始时看到的那样，是希腊人米利都学派代表人阿那克西曼德在这个问题上迈出了科学构想的第一步。公元前 6 世纪上半叶，人们认为大地悬浮在太空中，而天空不仅在我们头顶上方，也在地球上方和脚下。阿那克西曼德认为大地呈圆柱状，而我们处于圆柱体的两个底面之一。大概是在公元前 500 年，爱利亚学派的实际创始人巴门尼德首次重新定义了地球的球形形状。

根据公元前 2 世纪古罗马地理学家斯特拉波的说法，马洛尼亚的克拉特斯建造了一个附五个气候带的地球仪：它是第一个已知的地球仪。

地球是圆的!

公元前 4 世纪，归功于伟大的哲学家柏拉图和科学家欧多克索斯，球形地球的理论被所有希腊学者所接受。亚里士多德肯定了这一常识，并提供了一些证据，特别是基于月食期间地球在月球上投射的圆形阴影，以及随着它向北或向南移动时可见星星的位置变化，亚里士多德还对地球的尺寸做出了预估，但与正确值差了一个数量级。

历史学家第欧根尼·拉尔修（公元 3 世纪）在著作中写道，毕达哥拉斯是第一个认为地球是圆形的希腊人，但泰奥弗拉斯托斯将此说法归功于巴门尼德，意大利埃利亚的芝诺则将它归功于希腊诗人赫西俄德。

月球上的地球阴影

月食期间，地球投在月球上的圆形阴影是表示地球呈球形的证据之一。当然，为了得出这个结论，人们一定知道月食是由地球与太阳之间的关系造成的，基于巴门尼德被认为是了解月相起源的人之一，他很可能做过这个观测。

古代科学的应用

中世纪时代

地球的球形形状在中世纪并没有像有时所说的那样被遗忘。事实上，所有中世纪的知识分子，无论是基督徒还是穆斯林，都非常了解这点，他们从保存下来的古代著作中读到这一理论。然而，对于基督徒来说，这个知识对于他们来说并没什么作用，水手们所走的路线也没有考虑到地球的曲率，绘制出的地理地图就像地球是平的一样。但对于穆斯林数学家来说，这是一个非常重要的事实，他们发展了球面三角学，计算出了地球上任何一点到麦加的距离。

地球的尺寸

在欧洲，数理地理学复苏于15世纪。具体来说，就是人们再次使用了古代科学家发明的纬度和经度的概念，使得绘制考虑到地球曲率的海洋路线成为可能，就像克里斯托弗·哥伦布那样。然而，要确定地球的尺寸并不容易，公元前3世纪时埃拉托色尼以惊人的精度测量了地球的周长，但是在近代初期，人们更愿意相信托勒密在公元2世纪所做的测量，其实这是错误的（这就是为什么哥伦布认为的地球比实际上的要小得多，并确信他可以通过向西航行轻松到达印度）。现代人对地球大小的第一次测量是由威里布里德·斯涅尔在1617年进行的，但精确度还不如埃拉托色尼的结果。

聚焦：地球的测量

公元前3世纪，亚历山大图书馆馆长、古利奈的埃拉托色尼非常精确地测量了地球的周长。随后的近19个世纪中，再也没有人能做出如此准确的测量。

行动主义者？

有些人认为，为了测量亚历山大里亚与热带地区某地之间的距离，埃拉托色尼会求助于受过训练、可以通过计算步数以恒定速度进行长距离旅行的人。实际上，在不允许使用其他测量方法的情况下，该方法仅用于测量亚历山大大帝的军队在军事行动期间所经过的距离。

埃拉托色尼的方法

埃拉托色尼用一种原理非常简单的办法测量了地球的周长（他将其想象为一个完美的球体）。选同一子午线上的两地，位于热带地区的某一地夏至正午，太阳的光线正好垂直地面（埃拉托色尼认为太阳是如此遥远，以至于它的所有光线都可以被认为是平行的）。此时的亚历山大里亚，太阳光线与参照物之间也有一个可以测量的角度 α。如果已知亚历山大里亚与热带地区某地之间的距离 d，就很容易计算出地球周长 C。d 与 C 的关系等于 α 与地球圆周的比率（单位是角度）。这项操作的难点，就在于计算出两地之间的距离 d（超过800千米）。

然而，我们可别忘了，埃拉托色尼是亚历山大图书馆的馆长，是王国中与君主直接接触的最高科学权威，再加上埃及有着精确测量土地的千年传统（在希罗多德看来，这正是几何学的起源），似乎有理由认为，这一计算是通过在埃及各地的测量活动中获得的。顺便说一下，这些活动在一些资料中也有记录。地球的周长得到的结果是25.2万视距（古希腊人衡量长度的标准，近4万千米）。

埃拉托色尼也是第一个计算出地球地轴倾斜角度的人。

古希腊天文学家、斯多葛派哲学家克莱奥迈季斯在其《天体的圆周运动》中描述了埃拉托色尼用来测量地球周长的方法，这使我们能够恢复已遗失的埃拉托色尼的著作《地理学概论》。

波希多尼的测量

古希腊斯多葛学派的波希多尼（公元前1世纪左右）被认为有过两次对地球周长的测量。我们知道其中一次使用的方法。波希多尼通过观察一颗星星在地平线上的不同高度，计算出亚历山大里亚和罗得岛之间的纬度差异。在知道两个城市之间的距离后，他得到了一个与埃拉托色尼相差无几的数字（测量结果相当于24万视距，而不是25.2万视距）；第二次测量（我们不知道具体操作）可能是对数据的误读造成的缺陷，因为计算结果相差过多（18万视距）。

》计算的精度

要估算埃拉托色尼的测量误差，显然有必要知道他参考的视距长度。关于视距长度，已经存在着许多解释。在希腊世界中，有很多长度不等的视距，但是大多数专家根据普林尼的记载（根据埃拉托色尼的信息提供视距的长度），认为应以 157.5 米的视距为准（这个数据也可能是由他自己提出来的），按照这一数值，计算误差小于 1%。

对太阳光线角度的测量是在夏至时进行的。

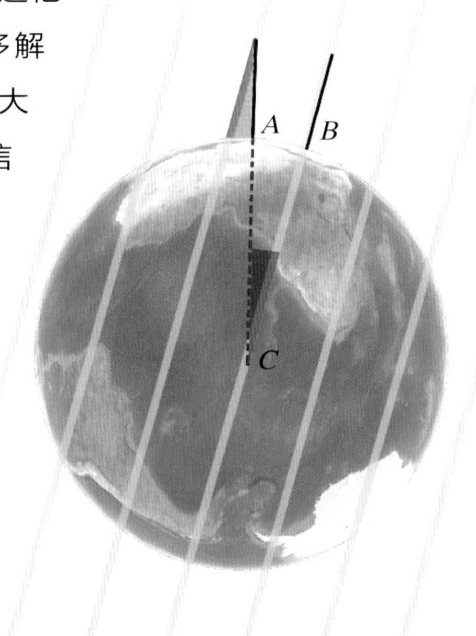

波斯科学家和天文学家比鲁尼（Al-Birumi）也在公元 995 年计算了地球半径，现代的首个可靠数据是 1669 年法兰西学院组织的测量结果。

光线垂直落在锡耶纳的井上，与此同时，亚历山大里亚内一座方尖碑在地面上投下阴影。

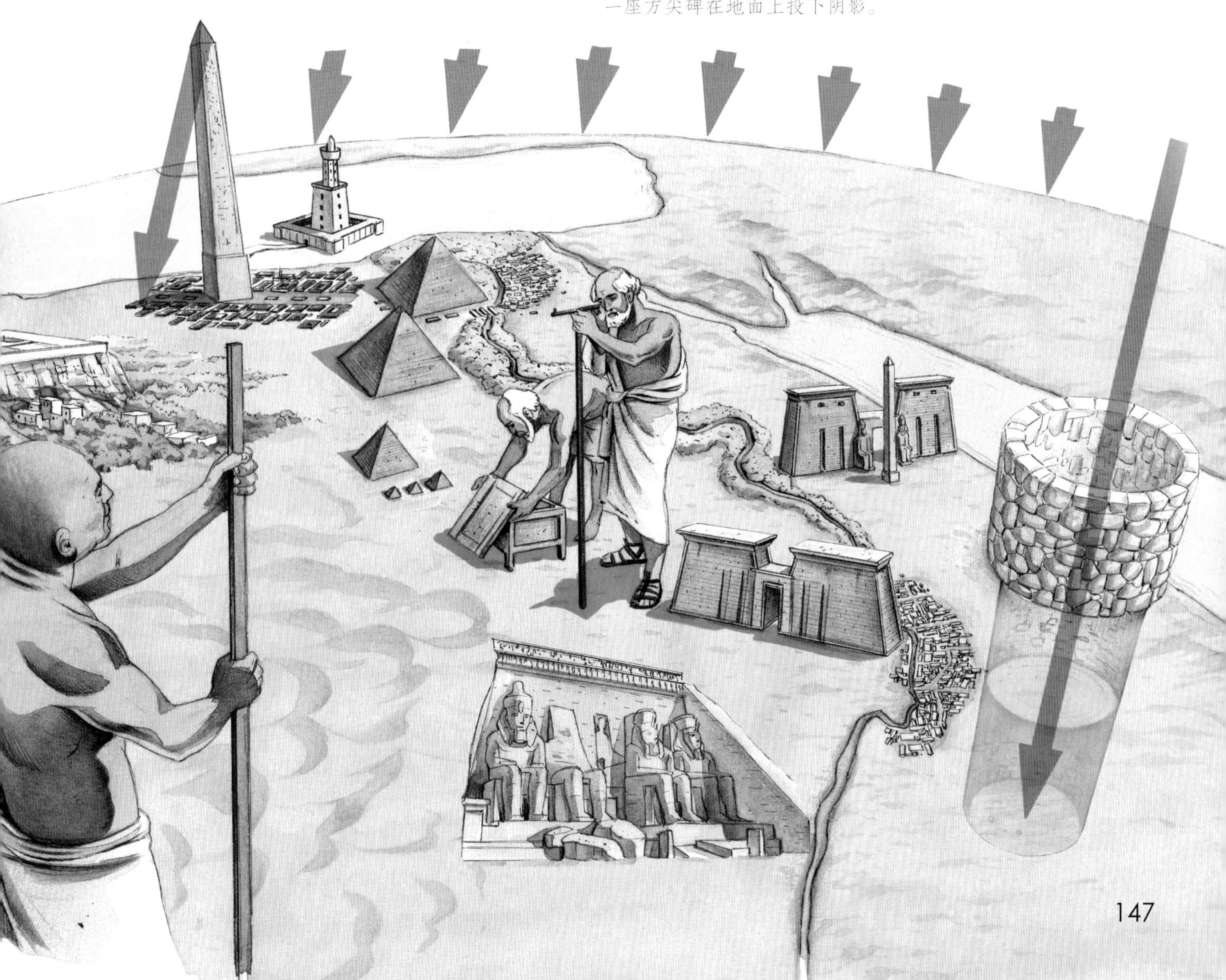

地理和制图

数理地理学是一门诞生于希腊化时代的科学之一。它是一门精确的科学，使人们能够预测每个地方和一年中每个时间的日长，并绘制精确的地理地图。

尼西亚的希帕克斯用来确定经度差异的方法是基于对月食的观测，他测算了发生这种现象的每个地方的时差。

数理地理学

希腊人将地球的两极（尽管他们从未到达）视作星星绕地球的垂直轴旋转的地方。他们定义了极轴（通过地球中心将两个极点连接起来的线段）、子午线（经线，沿地球表面连接两极的半圆）和平行线（纬线，垂直于极轴的平面内不同位置的圆周）。他们通过为地球上的每个位置确定相应的子午线和平行线（经度和纬度），创造了数理地理学。

经度的测量

计算经度比计算纬度要困难得多。尽管时间不同，但由于地球自转，从位于同一平行线的两个位置均能观察到完全相同的天体。经度决定了时区的差异（即东西方两个地点的日落时间不同）。在没有无线电通信的情况下，要知道某个遥远地方的当地时间是非常困难的。这个问题在 18 世纪得以解决：为适应海上旅行，人们设计出可以显示出发港口当地时间的船用钟表。

制图投影

制图学是通过在平面上再现地球的球面来制作地理地图的过程。右图显示了表示北半球的一种方法：将地球表面绘制在纸球上，然后沿着多条经线从赤道切到北极。这种表示法因切口所致，导致实际上相距较近的位置在摊开的纸上相距较远。还有许多其他的制图投影方法，试图在平面上表现出地球的部分球面，但没有一个能成功在平面上保留球面的所有特征。我们不得不做出取舍，留下必须保留的区域形状或面积。

古代科学的应用

现代制图

在中世纪晚期，地中海沿岸的水手们就开始使用相当精确的海图，但这些海图似乎是在纯粹的经验基础上制作的，上面没标经线和纬线，说明当时的人们还没有使用经纬线的概念。15世纪时托勒密的《地理学》被重新发现，其思想的复兴使科学制图术得以恢复。印刷的地图采用了托勒密描述的制图投影，尽管它们有角度变形的缺陷。具体来说，如果某条船沿北方保持恒定角度的路线行驶（这可以通过北极星定位或使用指南针），在托勒密海图上绘制出来的该路线将会是一条复杂的曲线。

墨卡托投影法

近代早期广泛使用的投影是假想球面与圆筒面相切于赤道的等距圆柱投影（托勒密已经在区域地图中使用了这种投影），在平面上，将经线和纬线绘制为相互垂直的直线，看起来就像网格，经纬线之间的距离和它们的实际距离成正比。这种表示方法使经线变形，在球体上就像“放射线”的经线在纸上是直的，而且它们之间的距离应该随着它们接近两极而减小。16世纪中叶，德国地图学家杰拉德·墨卡托使用了这种投影制图，为了保持网格状的角度和形状，他在接近两极时将平行线越移越远，因此，最北端和最南端的土地相对于它们的实际比例来说，差距太大。

为了绘制地图，人们制作了很多工具，比如圆规、尺子、坐标网、铅笔和钢笔。

历法

天文学的发展在某种程度上受制于历法的发展。尽管季节性周期有助于确定人类活动的时间，但人们对更精确确定日期的需要越来越迫切。

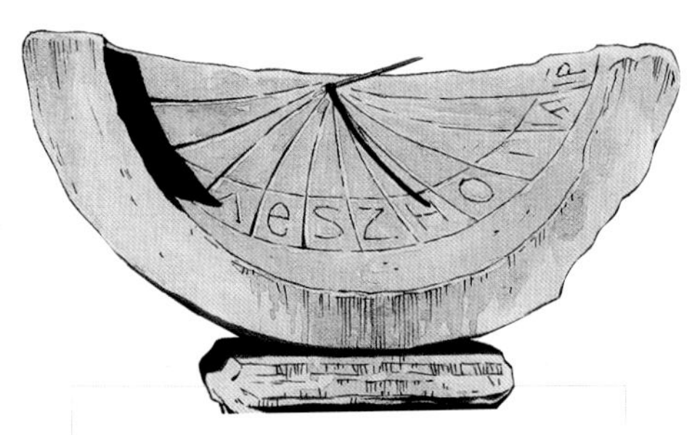

日晷

在古代，人们通过查看被称为“日晷”的杆子投射的影子来了解当地时间，晷针与地平面的夹角就是其所在位置的地理纬度。除可以显示当地时间外，影子还可以表示不同的日期和纬度。如果晷面根据当地纬度标上刻度，那么观察影子不仅可以读出时间，还可以读出是一年中的哪一天。因此，日晷也可以作为日历。

历法存在的问题

三种周期性的天文现象被用来测量时间：日、月和年。昼夜交替和季节变化无疑是最有用的周期，月份对于捕鱼、狩猎和航行也很重要，因为这些活动受到潮汐和月亮的影响，而且月亮的圆缺也被认为影响了农业生产。但要建立历法并不容易，因为年和月并不是由整天数组成的，也不可能用整月份来得到年的天数，因此有必要区分不同的情况。在大多数情况下，月亮的周期性变化被牺牲了，一年的长度与我们所记住的天数相差不大。

卡诺普斯法令

埃及历法将一年分为 365 天，定为 12 个月，每个月 30 天，另外有 5 个特殊的“加天”。由于太阳年的一个周期约为 365 又四分之一天，因此从历法中的第一年开始每四年就多一天。随着卡诺普斯法令在公元前 238 年的发布，埃及法老托勒密三世下令每 4 年增加 1 天，以解决这个问题。

埃及女王克利奥帕特拉将天文学家索西琴尼推荐给罗马共和国独裁者儒略·恺撒，以制作新的历法。

》儒略历

公元前 46 年，罗马共和国独裁者儒略·恺撒，根据埃及亚历山大数学家兼天文学家索西琴尼的建议，开始在罗马推广“儒略历”：一年被划分为 12 个月，大小月交替；四年一闰，平年 365 日，闰年 366 日（在当年二月底增加一闰日）。因为每四年就会多一天，因此在历法刚开始使用的 50 年中，累积的误差越来越大，直到奥古斯都调整了几个月份的天数。

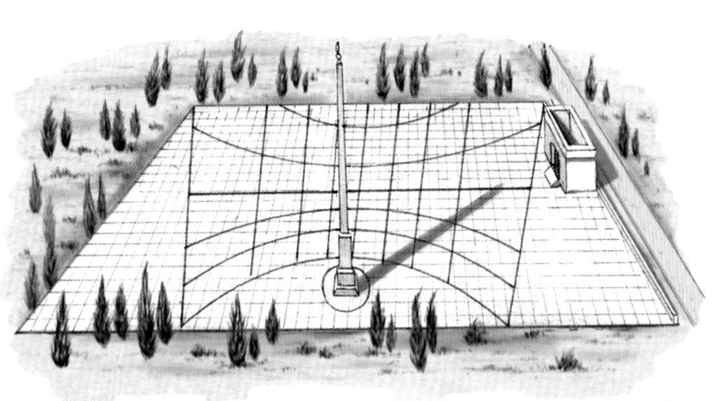

奥古斯都日晷，由奥古斯都于公元前 13 年下令在罗马建造的，是当时最大的日晷，晷针是一座高 30 米的方尖碑。

古代科学的应用

历法的改革

罗马帝国消亡后，欧洲所有国家继续使用儒略历。但是，太阳年并不完全保持着 365 天零四分之一天的周期，精确来说，相差出来的 11 分 14 秒，导致每 128 年都会延迟大约一天。为纠正误差，16 世纪时教皇格里高利十三世于 1582 年 10 月 4 日颁布了新历法。该历法是由意大利医生兼哲学家里利乌斯制定的，新历法规定，除非能被 400 整除，否则所有的世纪年（能被 100 整除）都不设闰日；如此，历法年的平均周期与太阳年的平均周期之间的误差减少到只有 26 秒。新的历法被称为“格里高利历”，最终传播到世界各地（日本于 1873 年采用，中国于 1912 年采用）。其他历法，如伊斯兰历法，今天仅用于确定宗教节日。

天文学家和数学家正在讨论哥白尼的设想。

地球的运动

古希腊时，人们已经意识到地球是移动的。公元前4世纪，庞托斯的哲学家赫拉克利德就提出了昼夜轮换的概念，在接下来的1个世纪里，萨摩斯的阿里斯塔克斯又提出了日心说。

谁指控谁？

曾认为太阳是神圣的哲学家克里安西斯并不接受日心说。他支持关于地球不动的传统说法，并认为太阳围绕着地球旋转。普鲁塔克（萨摩斯岛的先贤）叙述说，萨摩斯的阿里斯塔克斯曾说过，由于这个原因，克莱恩特斯应该被指控为不虔诚。在伽利略因日心说受审后，语言学家梅纳吉乌斯坚信只有日心说才是不虔诚的，他认为普鲁塔克的文本是由于抄写员的错误造成的，并对其进行了更正，将克里安西斯变成原告，阿里斯塔克斯成为被告。这个经过修改的文本仍然被许多人接受。

昼夜轮回

观察夜空，人们可以看到所有星体都在移动，并且围绕着一个固定点，即北天极（今天大致可以确定为北极星）进行完整的旋转。长期以来，人们一直认为，所有的天体自东向西每日绕地球转动一周。在公元前4世纪，赫拉克利德是第一个认为天体的运动可以有其他解释，即地球绕轴自转，水星和金星绕日转动，其他行星仍然绕地球转动。这是一个革命性的看法，改变了地球运动的观念。实际上，直到那时，人们一直认为，物体的运动和静止是绝对的，总是默认以地球为参照物。

与赫拉克利德一样，阿里斯塔克斯认为地球绕着自己的轴自转。

日心说

公元前4世纪，阿里斯塔克斯解释了从地球观察到的行星的奇异运动（如下页所示），指出行星和地球都围绕太阳做匀速圆形轨道旋转。同时，地球绕着相对于轨道平面倾斜的轴旋转，每天自转一圈。

科农向阿基米德解释了阿里斯塔克斯的日心说。

在亚历山大里亚，阿基米德与当时最伟大的天文学家和数学家科农（Conón）相遇。可能是他向阿基米德解释了阿里斯塔克斯的日心说。

逆行的行星

从地球上看，行星的运动是复杂的。在“固定”恒星的背景下（不考虑地球自转引起的肉眼可见的运动），它们似乎都在向一个方向移动、减速，然后向后移动（也就是“逆行”），接着再次放慢速度，恢复朝前的运动。图中显示了阿里斯塔克斯在外行星运动的情况下对这些运动的解释。由于地球围绕太阳旋转的速度比外行星快，所以当地球经过它时，行星才似乎在向后移动。

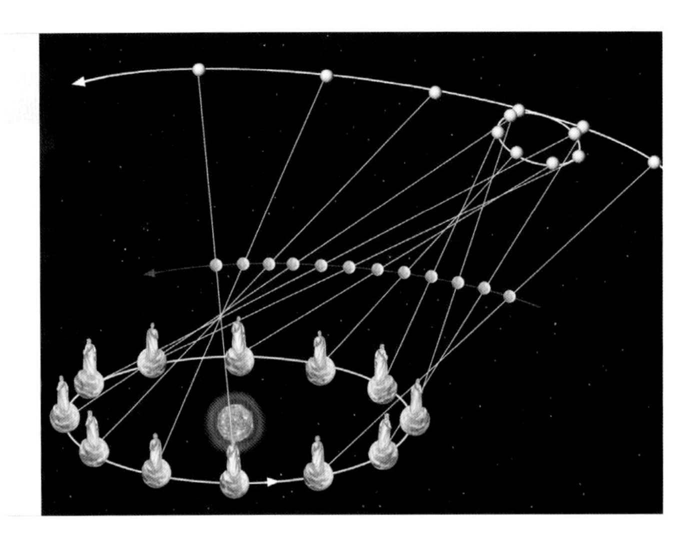

假设和演示

阿里斯塔克斯表明，他提出的地球和行星的简单运动模型与观察到的行星相对于地球的运动是一致的。换句话说，他的假说能够解释观察到的情况。科学理论的用处就在这里。

潮汐示范

似乎是在公元前 3 世纪，塞琉西亚的塞琉古斯除了承认地球绕太阳运动是他的天文学理论的原则（如阿里斯塔克斯所做的那样）外，还证明了这种运动。稍后我们在后面将会看到，他的证明可能是基于潮汐现象。

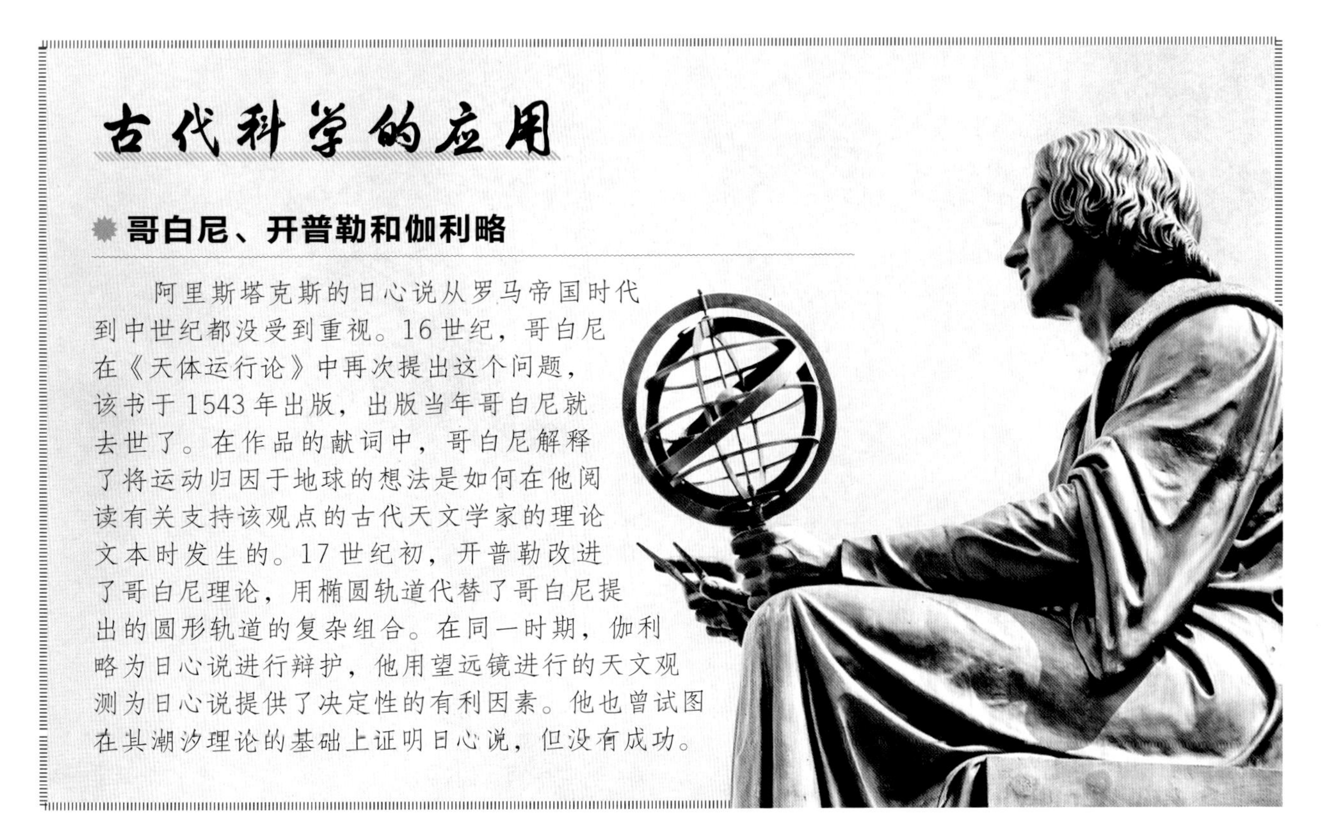

古代科学的应用

哥白尼、开普勒和伽利略

阿里斯塔克斯的日心说从罗马帝国时代到中世纪都没受到重视。16 世纪，哥白尼在《天体运行论》中再次提出这个问题，该书于 1543 年出版，出版当年哥白尼就去世了。在作品的献词中，哥白尼解释了将运动归因于地球的想法是如何在他阅读有关支持该观点的古代天文学家的理论文本时发生的。17 世纪初，开普勒改进了哥白尼理论，用椭圆轨道代替了哥白尼提出的圆形轨道的复杂组合。在同一时期，伽利略为日心说进行辩护，他用望远镜进行的天文观测为日心说提供了决定性的有利因素。他也曾试图在其潮汐理论的基础上证明日心说，但没有成功。

流体静力学I

在希腊化时代出现的科学中，由阿基米德创造的流体力学由于能直接应用生活、解决数学问题以及对其他科学的刺激而发挥了重要作用。

阿基米德的遗产

流体静力学诞生于阿基米德的著作《论浮体》，它是伟大的科学家们通过证明一系列定理而发展出的一门精确科学。海军工程带来的问题推动了这些研究。正如我们在前文看到的，阿基米德被要求监督当时最大船只的建造，这并非偶然。但是，他的著作不仅是在工程中的应用而受到关注。阿基米德证明的第一个定理与水下物体无关，而是涉及地球形状，获得的结果为多个研究方向开辟了新的视角，平衡的稳定性问题也首次被提出。阿基米德想知道，在什么条件下处于平衡状态的系统会对外部原因做出反应并返回到其先前的状态（在这种情况下，平衡状态被称为“稳定”），相反，在何时该平衡状态会消失。在特定情况下，该问题的解决方案开启了一个数学新领域，引起了许多人的极大兴趣。

旋转抛物体的稳定性

阿基米德研究了旋转体在流体中的稳定性。如图所示，以垂直形式浸没在水中的旋转抛物体如果表面足够“宽”（阿基米德精确地表达了多宽），则平衡的稳定是可以实现的；在其他情况下，只有当重量足以将物体充分浸入水中时，稳定性才存在。在该图的示例中，如果浸没物体的重量足够大，它的平衡就变得非常稳定。

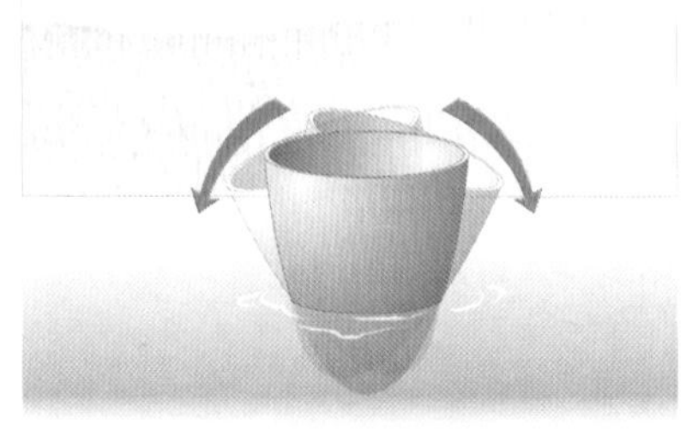

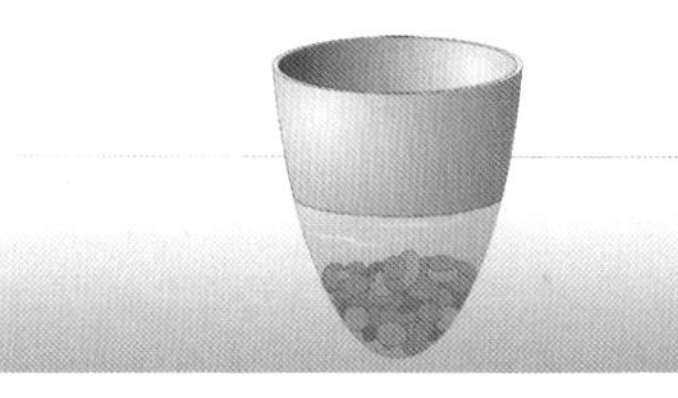

阿基米德很可能仔细观察过叙拉古的渔民，当他们将船推进海中时，船头一入水就会被一股力量向上推动。

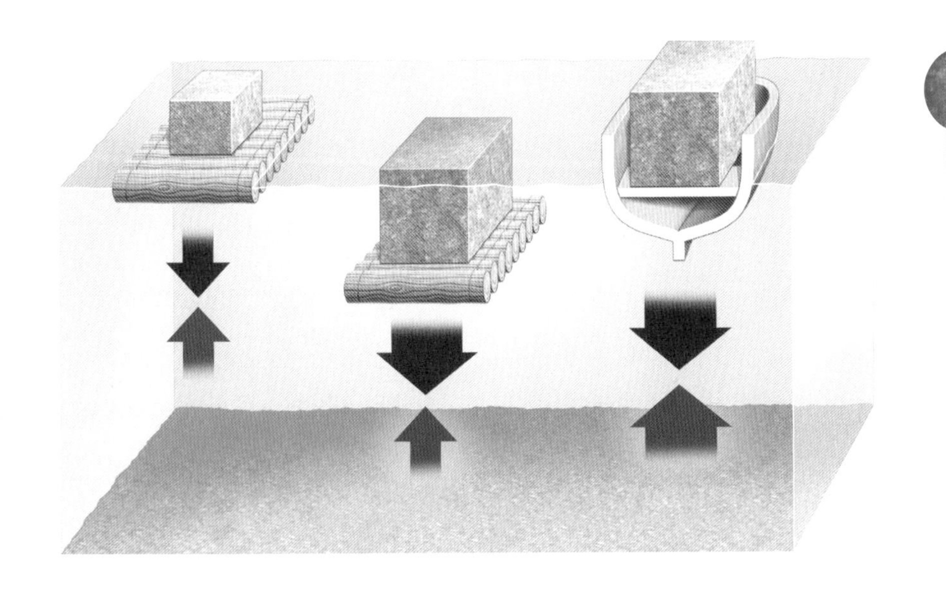

相同的体积下，比沉浸液体密度大的物体会沉底；比所浸入的液体密度小的物体会上升并漂浮。根据阿基米德的定律，就可以证明浸泡在液体中的物体所受到的向上推力，等于被排出液体的重量。

阿基米德原理

阿基米德原理说，物体在液体中所获得的浮力，等于它所排出液体的重量。这是流体静力学的一个重要原理，也是一个定律，阿基米德通过生活中的实验证明了这一点。我们很容易看到，将物体放入容器中时，容器中的水位是如何增加的，而且大重量的物体在浸入水中后看起来似乎也不那么重了（如游泳池中我们的身体）。这就是阿基米德原理所讲的向上推力，这与物体的浮力有关，如果物体密度过高，推力不足以抵消重力，物体就会沉到容器的底部，但速度会比它从空中下落地面的速度更慢。

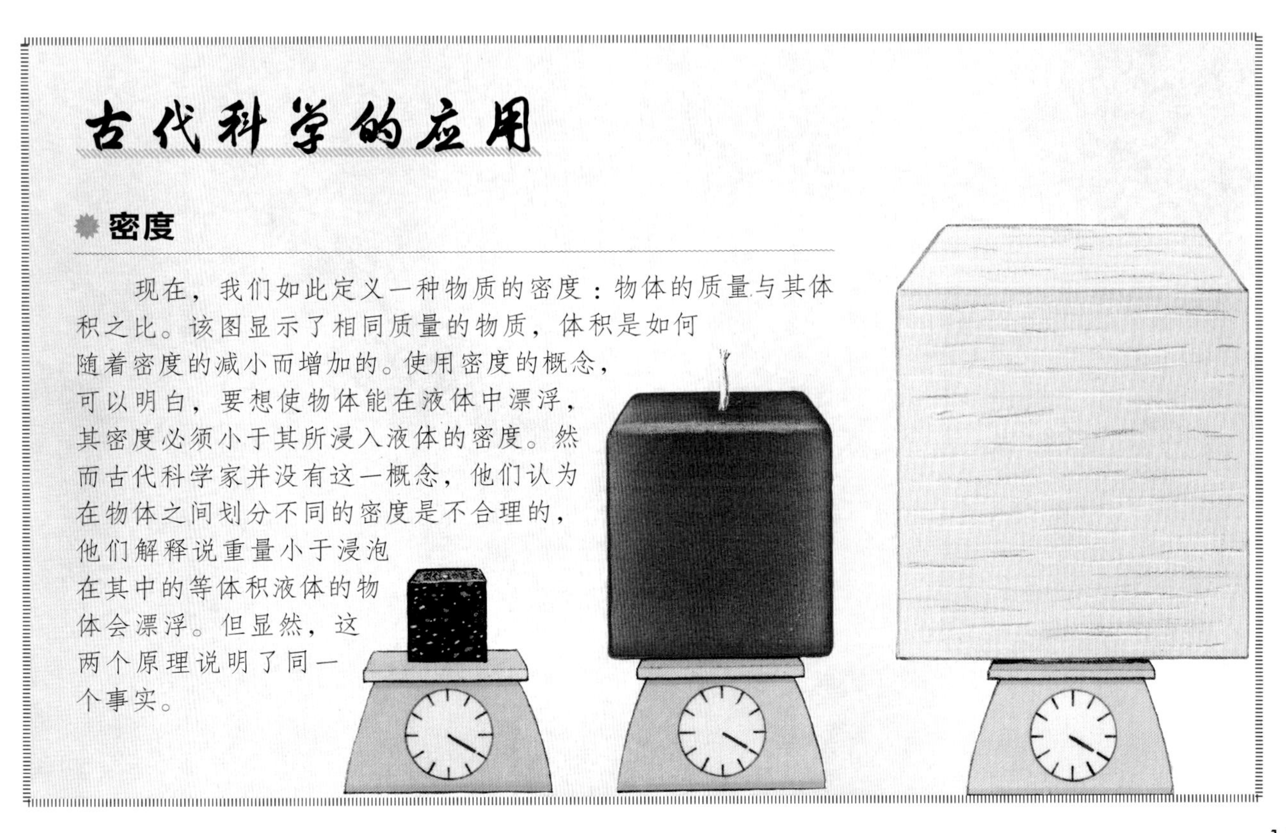

古代科学的应用

密度

现在，我们如此定义一种物质的密度：物体的质量与其体积之比。该图显示了相同质量的物质，体积是如何随着密度的减小而增加的。使用密度的概念，可以明白，要想使物体能在液体中漂浮，其密度必须小于其所浸入液体的密度。然而古代科学家并没有这一概念，他们认为在物体之间划分不同的密度是不合理的，他们解释说重量小于浸泡在其中的等体积液体的物体会漂浮。但显然，这两个原理说明了同一个事实。

流体静力学II

很少有人读过阿基米德关于流体静力学的文章，但几乎每个人都知道维特鲁威所讲的故事：阿基米德从浴缸中爬出来，一边喊着“尤里卡”一边裸奔。

著名的金冠传说

正是维特鲁威向我们传达了一直享有盛誉的这件传奇逸事。叙拉古的希罗二世委托工匠打造了一顶金冠，造好后有人怀疑它的纯金性：工匠会不会用一部分白银偷换了黄金？如何才能在不破坏金冠的情况下验证这一点？希罗二世把这个难题交给了阿基米德，苦苦思索的阿基米德进入一个水满的浴缸时，突然意识到外溢出浴缸的水与被淹没的身体体积相同。这个观察为他提供了解决金冠重量问题的关键：有必要计算金冠的体积，并检查在相同的黄金重量下，两者置换的体积是否相同。阿基米德为自己的发现而感到高兴，以至于他激动地冲出浴缸时，完全忘记了自己是赤身裸体。

阿基米德关于流体静力学著作的应用之一，就是所谓的连通器原理：连通器里的水不流动时，各容器中的水面总保持相平。

传说多于真相

维特鲁威讲的故事并不是很可信，不仅细节夸张，提到的关于金冠解决方案的方式也不可信，用维特鲁威方法获得的体积计算结果是不精确的，采用重量计算方法倒可能会让结果更准确。幸运的是，人们在其他人的著作中找到了阿基米德实际使用的方法。阿基米德使用了等臂式的天平，放上等重的黄金来平衡金冠。当他把天平两端物品浸入水中时，装有黄金一端的托盘下降得更多，这表明此端的体积更小（被排开的水的重量也更小）。如此，金匠的谎言就被揭露了。

与希罗二世金冠相似的希腊金冠

等臂式天平，其中一边托盘上放金冠，另一边托盘上则放上黄金。

当两个托盘都浸入水中时，天平两端不再平衡（放着黄金的一端会下沉更多）。

》连通器的原理

公元前 3 世纪，拜占庭的物理学家和发明家菲洛在他的《气动学》中提到了流体平衡问题，也就是今天被称为连通器的原理（或虹吸管原理），彼此连通的容器中所盛装的液体高度相同。假设通过管子相连的两个容器中的液体水位不同，那么高水位的容器中处于高位液体的压力较大，就会向压力较小的位置移动，直到两个容器中的压力（和水位）相等。

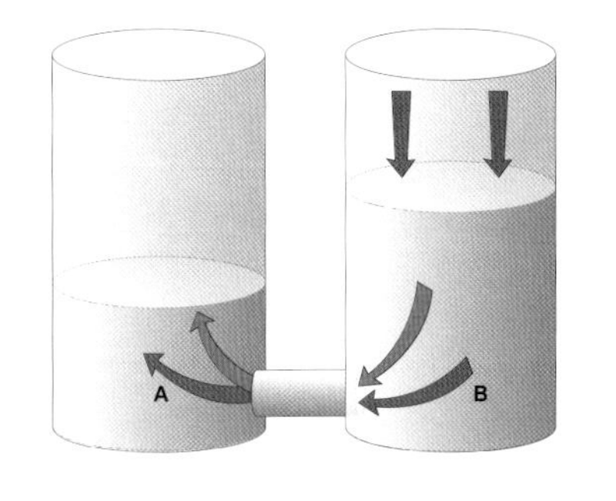

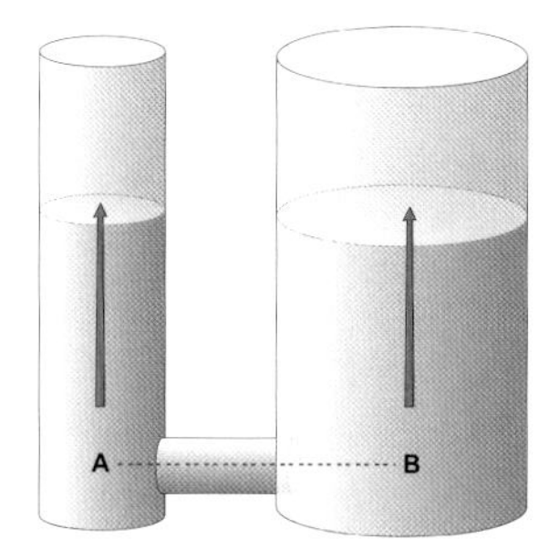

左：如果两个容器中的水位不同，水会从一个容器流到另一个容器。右：两个容器体积是否一致并不重要，如果它们处于平衡状态，则水位相同。

古代科学的应用

斯蒂文

西蒙·斯蒂文（1548—1620）是荷兰佛兰德斯重要的数学家和工程师。作为研究阿基米德作品的学者，他为复兴这位古代科学家的思想做出了巨大贡献。他最著名的成就之一是斯蒂文定律，该定律认为，流体中某一点的压力大小与液柱的高度成正比，与容器的形状无关。当然，这不过就是阿基米德著作的现代版本翻译。

托里拆利使用水银的原因是因为水银密度大，如果换成水，管子高度至少要 12 米。

托里拆利实验

1664 年，意大利物理学家、数学家托里拆利进行了一项实验：给一根 1 米长的一端封闭式管子注入水银，将其浸入水银盆中，并将封闭端朝上。管中的水银柱下降了，但却没有下降到最底部，而是在 76 厘米的高度上保持不动。熟悉阿基米德关于水中大气压力理论的托里拆利推断，由于试管的水银整个均匀地压在整个表面上，因此 76 厘米高的水银柱的重量应等于整个大气层的大气压力（因此 760 毫米汞柱 =1 大气压）。通过管中水银高度的变化可以测量气压的变化，由此气压计诞生了。

引力

物体之间相互吸引的认知并不像我们所认为的那样现代化。早在古代，天文学家就已经观察到所有物体之间都有相互作用力。引力的概念是后来才出现，涉及解释地球上物体的重量。

亚里士多德的定义

亚里士多德相信太空中存在一个特定的点，具有吸引所有重物质的特性。他认为，重物质在这个点周围聚集形成了地球，地球的中心就是引力源。然而，并非所有物质都如此。根据亚里士多德的说法，也有轻物质被吸引，它们会朝远离中心的方向运动，如烟雾和空气。在亚里士多德看来：太阳、月亮、行星和恒星等天体，不重也不轻，引力刚好能够使它们留在天空中，既不会掉落，也不会一直移动。在阿基米德时代，亚里士多德的理论成为一种常识。

如果静止状态下的海洋表面不是球形，我们将在距地球中心相同距离的点上看到不同高度的水柱。

阿基米德的解释

从亚里士多德的引力概念和他自己对流体静水学的研究出发，阿基米德在他的《论浮体》中证明，在平衡条件下，海洋表面呈球体，其中心是地球的中心（引力源）。其演示非常简单：如果海洋表面不是球形，那么不同高度的水柱就会从距中心相同距离的水下不同点喷出，意味着它们受到的力处于不平衡状态。事实上，海洋中的水是静止的，鉴于地球是圆的（所有的水都被吸引到同一个中心），所以海洋表面必然是球形的。

狄奥多罗斯是这样描述地球的形成的："在水聚集之后，泥浆物质因其重量而以同样的方式排列。然后，万物自转并凝结，液态的部分形成了大海，坚硬的物质变成了泥泞和土地。"

地球的形状及其演变

阿基米德只关注了海洋的形状，而没深究地球的形成，因为自从哲学家巴门尼德时代以来，它的球状就众所周知了。地球的球形认知对于地球的液体部分（海洋）探索是有意义的（现在，多亏了阿基米德，人们知道了液体的流动方式），但对于陆地认知却没起作用，所以人们产生了一个想法：很久以前地球上全是液体，凝固时保留了球形。普林尼和西西里的狄奥多罗斯认同了这个想法，认为地球液态化时，就会保持球形。

太阳和月亮的形状

亚里士多德的研究对天文学也产生了重要影响。一旦确信地球的球形是引力的结果，人们就会想到太阳和月亮显然也呈球形，并且一定有个吸引物质的中心。哲学家普鲁塔克声称，像地球一样，太阳也将自身的其他部分吸引到中心，月亮也是如此。通过类推，将相同的结论扩展到肉眼看不到的其他球形恒星和行星上后，亚里士多德的引力理论被多中心理论所取代，该理论认为所有恒星都有自己的引力中心。

引力是一种相互作用

希腊化时代，至少有两个原因使多中心引力理论陷入危机。亚里士多德曾认为太空中有个引力源会吸引物质，但他意识到这一概念无法扩展到太阳和月亮，月亮和太阳是移动的，所以它们的中心并不总是在太空中的同一位置。由此一个新的结论诞生了，吸引物质的并不是空间中的点，而是物质之间的相互吸引，这个新的引力概念与亚里士多德的理论完全不同。人们对潮汐研究也提出了新的观点，认为潮汐产生的原因是月球和太阳的作用，这表明相互引力存在于地球、月球和太阳三者之间。

借助阿基米德流体静力学，地球的球形度首次得到科学推论，不是基于日食或消失在地平线上的船只等可见物质，而是从引力的科学观点出发。

古代科学的应用

胡克的引力论

1674年，罗伯特·胡克向大家重申了关于物体间有引力的想法，并指出这种引力会随着距离的增加而减弱。但他没有证明引力是如何随着距离而减弱的，法国天文学家布利奥在1645年发表的论著中提出了平方反比假设。

牛顿的引力论

艾萨克·牛顿非常熟悉物体之间相互吸引的观点，他认同布利奥定律。这位杰出科学家的主要贡献在于，他从开普勒三定律出发推导出引力的平方反比定律，提出了著名的牛顿力学三定律和万有引力定律。

地球运动

除了地球的旋转和移动外，古希腊的人们还发现了其他运动。昼夜交替和时间差异已是众所周知，人们发现在地球和月球附近，还存在一些其他类型的运动。

岁差

喜帕恰斯发现，北天极的位置（以北极星标记，即恒星围绕其旋转的点）并不是固定的，而是沿一个小圆绕黄极作缓慢的移动。这现象可不容易看出来，天极在这个圆圈中已经运行了将近 2.6 万年。根据托勒密的说法，喜帕恰斯将自己对恒星黄经的观测结果与大约 3 个世纪前其他人的相比较，发现了黄道和赤道交点的缓慢移动，即岁差。这是一种可观察到的、类似于旋转陀螺中的运动，其旋转轴的运动轨迹呈圆锥形。

1.3 万年前，织女星曾取代了现在的北极星。

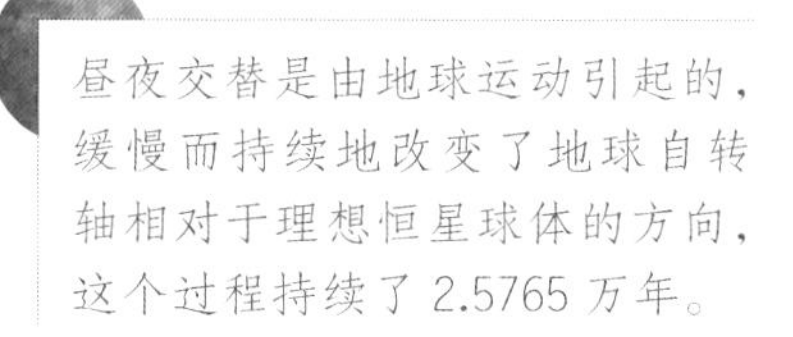

昼夜交替是由地球运动引起的，缓慢而持续地改变了地球自转轴相对于理想恒星球体的方向，这个过程持续了 2.5765 万年。

潮汐力

埃提乌斯告诉我们，根据塞琉古的塞琉克斯（也是一位证实了日心说理论的天文学家）的研究，月球围绕地球进行逆时针运动。塞琉克斯是一位出色的潮汐专家，曾在印度洋海域进行过潮汐研究，他对日心说的证明是基于太阳和月亮在地球上引起的潮汐现象。地球上海水周期性的升降是因为受到了双重引力影响，尤其是来自月球的引力。实际上，月球的引力被地球围绕地月系统中心运动所产生的离心力所平衡，因此，月球始终以同一面朝向着地球，也被称为“潮汐锁定”。

塞琉克斯观察并分析了每日两次涨潮之间的差异。

塞琉克斯通过研究阿拉伯海的潮汐现象，提出了他的理论。根据埃提乌斯（前 2 世纪）的说法，这位天文学家还捍卫了宇宙的无限性假说。

星体运动

如何用机械模型再现从地球上观察到的行星的运动？如果利用阿里斯塔克斯的日心说，就不困难。当然，你可以构建一个有固定太阳的模型，地球和其他行星围绕太阳旋转，但是这样的模型显示的是从太阳而不是地球的角度看行星的运动。要做到这一点，必须让地球静止不动；然后我们会看到行星围绕太阳旋转，而太阳又围绕地球旋转。正如我们在前面看到的那样，赞成日心说的阿基米德建造了一个天象仪，西塞罗给我们留下的关于天象仪的描述也很清楚地表明了这一点。

恒星的运动

从普林尼的理论中，我们得知喜帕恰斯那些被认为"固定"在天空中的恒星实际上在移动，改变着它们的相对位置。由于距离过远，从地球上看去，它移动速度之缓慢，以至于在人类生命的过程中很难被注意到。他仔细计算了所有可见恒星的坐标，并将估计值留作遗产给后代，以便某一天有人可以验证。喜帕恰斯的预测果然得到了后辈证实。1718 年，埃德蒙 · 哈雷将他测量的三颗星（牧夫座 α 星、天狼星和金牛座 α 星）的坐标与托勒密记载在《天文学大成》中的星表（由喜帕恰斯所作）进行了比较，明确证明它们已经移动了位置。9 世纪前开始的验证完成后，哈雷从天文学中消除了有关"恒星是固定的物质球体"的文献。

古代科学的应用

潮汐理论

古代的潮汐理论只有少数片段得以幸存。一些人指出地球上的潮汐是由太阳和月亮引起的，引发的水位会向自己和相反的方向抬升。这解释了为什么当地球、月亮和太阳排列成一线时（在满月和新月期间），潮汐最大。此时，太阳的引力影响被叠加到月亮引力的作用中。这一理论在拜占庭时代就已为人所知，在 14 世纪再次出现，并在随后的几个世纪中被一些作者所捍卫，其中最引人注目的是斯帕拉托大主教安东尼奥 · 德 · 多明尼斯，他在这个问题上与伽利略争论过。另外，在其他古代科学家看来，潮汐源于地球的运动。结合这两种思想，牛顿发展了现代的潮汐理论。

原子和分子

原子理论诞生于公元前5世纪，由米利都的勒西普斯和其学生德谟克里特提出。伊壁鸠鲁使用并修改了它，直到卢克莱修在一首诗中也提到了它，现代学者才得以发现。

勒西普斯和德谟克里特的原子论

实际上，我们并没有勒西普斯和德谟克里特的任何著作，甚至勒西普斯只剩一个名字，但大量的文献碎片使我们能够重构他与学生德谟克里特思想的重要方面。他的基本思想是，所有现实物体都是由不可分割的微粒组成（“原子”一词希腊意为“无法切割”）。原子没有颜色，既不冷也不热，没有气味；原子没有内部品质，但是具有一定形状和大小。由于原子决定了任何现象，包括我们的感觉，因此原则上它有可能解释所有可观察到的物质，这是现代物理学所采用（并在很大程度上实现）的一个认知。

我们不知道有多少现象是从原子的特性中推导出来的，但在某些情况下，确实可以达到想要的目的：如根据原子的速度解释冷热程度或热膨胀现象，晶体的规则形状可能与构成它们原子的规则形状有关。

米利都的泰勒斯在公元前6世纪研究了琥珀的特性。这是一种树脂化石，摩擦后会吸附轻小物体，如头发或树叶，反复摩擦甚至可以产生火花。

卢克莱修的原子论

关于古代原子论的主要资料来自公元前1世纪卢克莱修的哲理长诗《物性论》。卢克莱修阐述并发展了伊壁鸠鲁的哲学观点，描述了空气中原子的混沌运动（现代物理学采用的另一种概念）和固体物质中原子围绕平衡位置的振荡运动。现代科学从卢克莱修诗中汲取的观点包括：传染病可以通过看不见的微粒传播。

伊壁鸠鲁引入了“克利纳门偏差”(clinamen)的概念，即原子有可能偏离其轨迹的方向，从而产生新的组合。原子都具有相同的重量，并且以相同的速度向上和向下运动，如果它们不偏离轨道，将永远不会相遇。

原子论和气动学

气动学（研究空气和蒸汽特性的科学）对于古代原子论的发展可能有用。拜占庭的菲洛是现存的主要气动学论文之一的作者，他写了一篇有关原子运动及其热特性与速度之间关系的理论著作。虽然它没有出现在德谟克里特的现存文本中，但我们依据普鲁塔克的记载，可以在这种背景下解释该理论。

阿布德拉的德谟克里特（约前460—前370）是勒西普斯的学生，也是他原子论的共同创始人。他写了许多关于科学和哲学问题的书，如自然、人、生命和正义。他很长寿，活了将近100岁。

古老的分子学说

塞克斯都·恩披里柯将原子是可组合的想法归功于伊壁鸠鲁和比提尼亚的医生阿斯克勒皮亚德。他们初步认为原子是可分的，物质的转化是源于原子的位移，这导致微粒必须重新组织自己。德谟克里特也预见到了分子概念的产生，他说，原子被组合在一起，根据这些组合，物质的属性会有所不同。

古代科学的应用

17世纪

随着基督教的发展，原子理论逐渐被抛弃，取而代之的是火、土、气、水四大元素的各种理论和炼金术的概念。但到了17世纪，古老的理论又被恢复了：牛顿、笛卡儿和皮埃尔·加森迪（如图）都发展了自己的理论。笛卡尔提出，原子是由一个小钩子“钩”在一起的；牛顿则认为必定存在着某种使原子相互吸引的力。皮埃尔·加森迪是第一个使用“分子”一词来描述作为一个单元的一组原子的人，他从古代不可见的“onkos”中得到了“分子”的概念，这个词在拉丁文中译为“鼹鼠”，源于它们体形非常小。

约翰·道尔顿

1417年，在发现卢克莱修的《物性论》后，欧洲知识分子了解了古代原子论，当时古代作家的威望如此之高，以至于原子的概念迅速传播，并被大多数科学家所接受。尽管它们被提及是因为古代文献所享有的威望，但几个世纪以来，原子仍然是一个缺乏应用的无用概念。原子论在1803年才成为化学的基本原理，当时约翰·道尔顿（如图）解释了两个基本定律：定比定律（约瑟夫·普里斯特利在1799年阐明）和多重比例定律（由道尔顿而定）。

化学

早在古希腊，人们就已经合成了不同用途的各种物质，但直到现在，我们也不知道他们做出这些成就的理论依据是什么。

罗伯特·波义耳

化学真正转为科学，是从英国科学家罗伯特·波义耳手中完成的。他奠定了将化学与炼金术分开的基础，因此被认为是现代化学的创始人。在他的作品《怀疑的化学家》中，他讨论了原子和粒子之间的碰撞，并鼓励实验和利用化学为其他科学服务，如医学。

希腊化时代的化学

在希腊化时代，人们就知道许多获得化学反应的过程，并为此发明了很多工具。尤其是在亚历山大里亚，人们可生产诸如染料或燃烧类物质，还有其他用于化妆品、香水和药品的物质。我们没有这一时期关于这些主题的文献资料（在当时许多情况下,这些知识是“秘密的”或“保留的”),基于现存的哲学著作和百科全书的片段，我们才仅得以了解一小部分。

染料

希腊化学的主要应用之一是染料工业。我们之所以知道这一点，是因为普林尼将只使用四种颜色的古典时代的画家，与喜欢使用多种色调的希腊画家进行了比较。维特鲁威描述了生产人工色素的步骤，其中一些他归功于亚历山大人。在后期发现的炼金术手稿中，作者在描述化学反应时，也特别重视产生的物质颜色，认为这一点很重要。

腓尼基人最先生产出紫色，但这种极其复杂的制造工艺失传了很多年。直到19世纪，这种工艺才被重新发现。

混合燃料和希腊火

众所周知，拜占庭人使用过一种致命武器，它在西方被称为“希腊火”。在战斗中，它是特别有效的燃烧混合物，用水无法扑灭，可通过具有火焰喷射器功能的管子射向敌舰，这种燃烧混合物的成分一直被很好地保密（泄露它的人会被处以死刑）。即使到今天，人们也不能确定，只猜测成分中可能含有硝石（硝酸钾）、硫磺、石脑油（直馏汽油）和生石灰。“希腊火”被认为是7世纪拜占庭人的发明，但由于古代也有其他的燃烧混合物武器（其成分我们也不知道），因此我们很难知道拜占庭人的武器是完全原创还是其他传统混合物的变种。

犹太人玛丽是第一位女性炼金师，居住在1世纪时的亚历山大里亚，她发明了各种蒸馏化学品的装置。著名的“贝恩玛丽”烹饪技术也归功于她。

人们认为倒在岩石上的不是普通的酸酒，而是更强的酸液。

化学的其他用途

古希腊波洛斯·德·门德斯的著作（可能是1世纪发表的）是我们已知的在化学领域最古老的著作，内容涉及开采金、银、宝石和锡等矿物的流程。在药学之父、希腊医生狄奥斯科里斯的药理学和植物学论文中，还谈到了矿物来源的药物（如一种铜绿），大概是通过化学反应获得的。此外，化学也被用于其他生产活动，如金属的提取、合金和精炼、香水和化妆品的生产，以及葡萄酒和啤酒的发酵。

化学和炼金术

自古以来，伊斯兰世界和欧洲中世纪的炼金术都是经验化学、自然哲学、埃及魔法、天文学和医学知识的结合，并参考了犹太教和基督教的神秘主义。人们通常认为，化学是在剔除炼金术中的非理性元素后发展起来的。这种演变发生在近代初期（而炼金术无疑是化学的先驱）。但人们常常忘记，古代炼金术恰恰是将宗教和魔术元素叠加在化学上而产生的。实际上，被归类为“炼金术”最古老的莎草纸手稿完全没有魔术和宗教的元素，这是后来才出现的。在伊斯兰世界，“炼金术”一词是通过在希腊语中加入阿拉伯文冠词“al-”而产生的，现代人去掉了冠词，而采用了希腊词。

李维乌斯讲述了汉尼拔穿越阿尔卑斯山时的一则奇闻：一块巨大的岩石挡住了去路，士兵们在它周围放了很多柴火，点燃后把一种酸酒（acetum）倒在岩石上，岩石开始崩裂，再用镐头一敲就裂开了。

古代科学的应用

火药

通常认为中国人在9世纪左右发明了火药（一种硫磺、硝石和木炭的混合物），在13世纪初由阿拉伯人和拜占庭人引入欧洲。在广泛应用之前，罗杰·培根在1250年左右记载了这种化合物，我们在他的著作中看到的化学成分与“希腊的火”的成分（硫、硝酸盐和富含碳的物质，如石脑油或石油）相差无几。那么，是中国人找到了这个配方吗？

数学

物理学在以前属于数学学科，但如今，现代数学学科仅包括对抽象概念的研究，如数字或几何图形。

示范法

希腊数学开始通过系统地使用演示来区别于以前的所有数学。只有能够被证明的假设才会被接受为事实，然后再认定为定理，逻辑推理不再足以肯定一个想法的正确性。定理不仅在几何学中得到证明，而且在数学的其他部分也得到证明。例如，欧几里得就证明了素数（只能被 1 和自己整除的自然数）是无限的。

几何和微积分

在计算机出现之前的3个世纪里，没有计算尺或对数表，古人却知道如何运用数字进行计算。我们已经看到，在许多情况下，他们用尺子和圆规制作的几何结构来代替数字计算，用线段长度的形式来表达解决方案。几何图形也被用来解决天文学问题（例如，计算一颗行星在某个时间的位置）或光学问题（抛物面镜如何将太阳光集中在一个点上）。在这方面，几何学发挥了重要作用，成为所有精确科学的基础。

球面几何学

除了平面几何，古代数学家还发展了球面几何学，用来研究球体表面的图形。由于它很容易破解奥秘，就构成了数理地理学和天文学的基本几何领域（可以在虚拟球面上想象距离未知且仅知道其方向的恒星）。

几何是希腊人使用的计算工具，尤其是对于非整数量的计算。使用几何，他们可以做一切事情，从简单的加减法到乘除法，甚至是平方根和立方根。

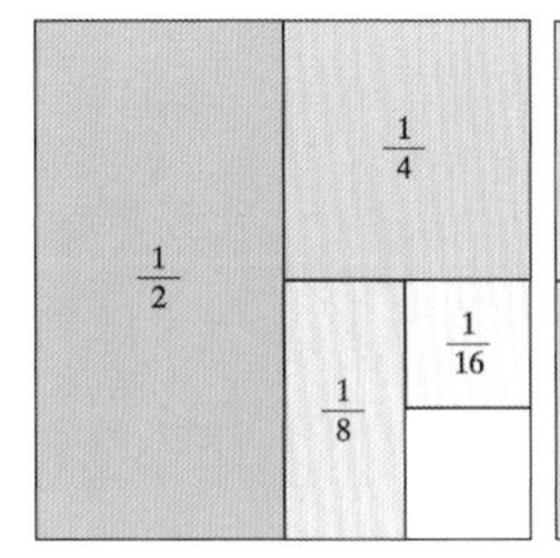

如果我们可以将数字继续扩展到无穷大，最终会将给整个正方形着色，每种颜色都将覆盖其总面积的三分之一。这种数量关系因此可表示为：

$$\frac{1}{4}+\frac{1}{16}+\frac{1}{64}+\frac{1}{256}+\cdots=\frac{1}{3}$$

无限求和

用很多种方法都可以得出无限数的有限和。例如，上图中左侧第一个图形就直观地显示了 1/2+1/4+1/8+1/16+…的总和（其中连续的点表示继续添加的项逐渐减少为一半）最终为 1。接下来的两个连续的图表明，1/4+1/16+1/64+…（其中每一项是前一个的四分之一）的和是 1/3。在第三张图中，用颜色清楚地表明了这一点，阿基米德也证明过这个运算。

同样，无限和也可用于计算面积。阿基米德通过用无限三角形填充并相加所有面积来计算以弧线和线段为边的图形的面积。右侧图中，我们将看到，一个由弧线和线段为边的图形面积的表示方法。

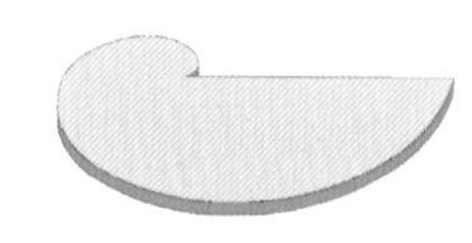

螺旋线第一圈的圆和面

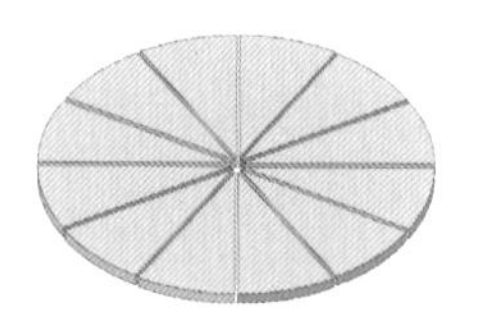
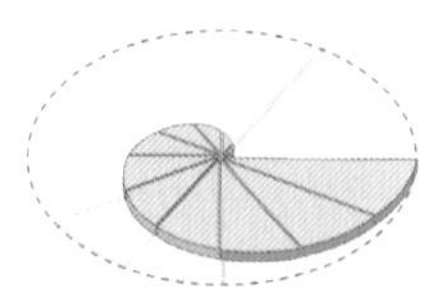

图像被分割成数段

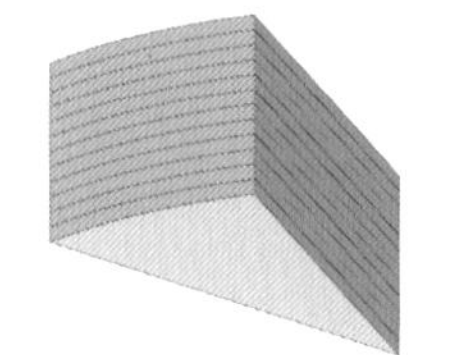

棱镜

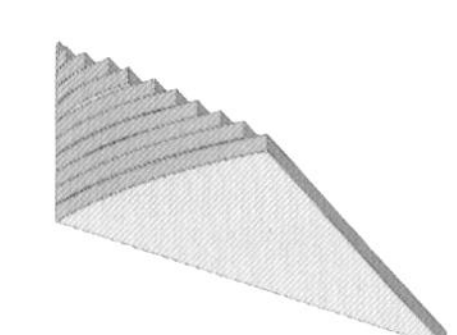

…和金字塔

金字塔的体积是棱镜体积的三分之一。因此，图中第一圈和第一个圆的表面之间必然具有相同比例的关系。

古代科学的应用

微积分

现代微积分一般归功于牛顿（右）和莱布尼茨（左）。实际上这段历史更为复杂，这个理论还涉及其他重要的科学贡献，特别是在 17 世纪。这个数学领域是从研究古代作品，特别是阿基米德的作品中发展起来的，尽管古代的方法在几个方面有所修改。首先，17 世纪初出现了对数，这使得计算更加高效，因此在许多情况下，几何被数值计算方法所取代。此外，解决工程和物理所带来的实际问题的需求激发了新的研究成就，虽然在严谨性上比不了古代，但几个世纪后就得到了恢复。

逻辑学

逻辑学是从修辞学发展出来的，修辞学是一种曾在审判中使用的善辩艺术，尤其常用在古希腊集会中。通过希腊化时代的演变，逻辑发展成为一门基于假设的精确科学。

修辞学

在雅典和许多其他的希腊城邦，政府模式是民主制，许多决定是在议会中以多数票方式作出的（尽管不是所有公民都有发言权）。对于一个有政治抱负的年轻人来说，知道如何辩论对说服他人至关重要，法庭审判中也同样需要这种能够令人信服的口才技巧。因此，老师和学校将辩论艺术命名为修辞学，甚至还编写了相关书籍。讲解修辞学的老师会给学生们讲授说服技巧，以说服、激发联想或类比的方式来唤醒听众的情绪和感情。

三段论

亚里士多德分析了修辞学中使用的论据，对于那些他认为不可辩驳的论据，他将其固定在三段论中：即前两个陈述涉及第三个陈述的结论。比如，从“有些狗是白色的”和“所有的狗都是哺乳动物”的陈述中，必然会得出“有些哺乳动物是白色的”。对三段论的所有可能形式的分析，都对新生的逻辑科学做出了重要贡献。

逻辑与数学

逻辑学是一门形式科学，这意味着它不研究物理世界，而是研究抽象的事物。有一种适用于数学推理的数学逻辑，有助于确定一个论点是否有效。逻辑与数学之间的关联，发生在逻辑由亚里士多德的三段论模型提出的那一刻。通过这个模型，人们可以推断出，如果某些先前的陈述被认为是正确的，则可以推论出某些事物是正确的，就像三段论中的白色哺乳动物的例子。

三段论源于修辞学，是一种辩论和说服人的艺术，是科学方法的重要组成部分。

逻辑学

亚里士多德对逻辑学做出了重要贡献，尤其是他对三段论的正确分类。在三段论中，他对各种形式进行了辩证分析。得益于克吕西普斯，在希腊化时代逻辑学成为一种科学。他用字母表示通用命题，并证明了逻辑定理，这有助于从其他命题推导出一些命题。这种类型的逻辑被称为命题式。在帝国时期，克吕西普斯的著作从未被复制，慢慢佚失并被人们遗忘了。当亚里士多德的逻辑学在中世纪被恢复时，克吕西普斯的命题逻辑仍旧被忽略，直到 20 世纪下半叶才被人们重新提起。

索洛斯的克吕西普斯

克吕西普斯出生于小亚细亚索利（或塔尔苏斯），但很快就搬到雅典，在那里他首先成为斯多葛派哲学家克里安西斯的门徒，克里安西斯去世后他成为斯多葛学派的领袖。他的研究不仅涉及逻辑学，而且涉及哲学的所有领域，被认为是斯多葛主义的主要传播者，可能是希腊化时代最重要的哲学家。克吕西普斯写了数百篇论文，但没有一篇流传下来：在帝国时代，因为他的思想无人理解，没有人抄写他的著作。

在处理逻辑的第一分析的第一部分中，亚里士多德揭示了逻辑的规律，这些规律无法被证明正确与否，但可以用同一原则（A 是 A）和不矛盾原则（A 不能是非 A）。

随着斯多葛派克吕西普斯的独创，逻辑学成了真正的独立学科。

古代科学的应用

莱昂哈德·欧拉

莱昂哈德·欧拉是历史上最伟大的数学家和物理学家之一。在 18 世纪，他对微分方程理论，复变函数、数论、刚体和流体力学以及天体力学做出了重要贡献。至于逻辑，他研究了亚里士多德的理论后，将它们用图示直观地说明了三段论。

欧拉图

欧拉写了许多内容丰富的讲义。在那些专门讨论三段论的文章中，为了帮助人们破解奥秘，他把理论形象化，从集合论的角度转化了亚里士多德的陈述。“所有的人都是凡人”这一说法是通过显示人的集合来表示的：代表了凡人的一个圆圈包括在代表所有人的圆圈之内。现代教学中仍在使用这些图解。

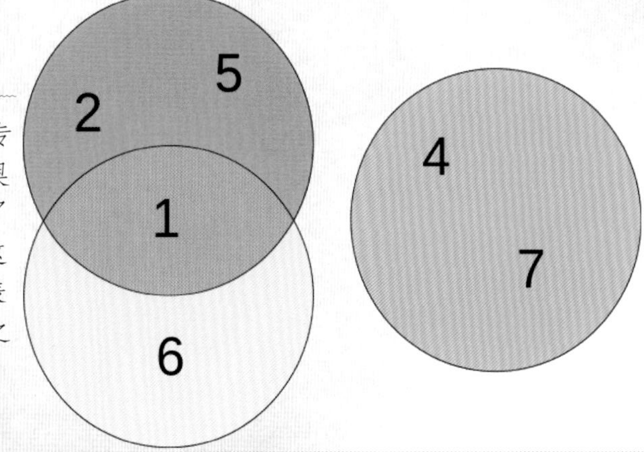

医学

古代时期，人类对人体的了解非常有限，当希腊化时代的解剖学诞生，人们开始解剖尸体的试验后，人类的知识才有了巨大的飞跃。

》非科学的医学

在古希腊、埃及和美索不达米亚地区，传统医学与宗教和魔法密切相关：祈祷、咒语和魔法方式在治疗中发挥着核心作用。在公元前 5 世纪至前 4 世纪之间，出现了一种新型的医学。伯里克利时代的医师希波克拉底和他创立的学校传播了这种医学，让医学脱离宗教，成为一门正式的行业。希波克拉底在他著名的理论框架（四体液理论）中尝试了许多经验性的、偶尔有效的疗法或补救措施。他遵循特定的药理疗法和饮食，并考虑患者的生活方式、环境和心理等因素。尽管这些药方并非全都管用，但对解剖学和生理学的无知，还是阻止了当时的医学达到真正的科学水平。希波克拉底的追随者们继续使用祭司在神庙中施行的古老治疗方法。

神庙中的医学

在古埃及和美索不达米亚地区，行使医生职责治愈疾病的是神殿中的祭司。人们认为，治疗需要神的参与，并通过祈祷和咒语来进行。后来，古典希腊时的患者仍去神庙求医，祈求阿斯克列皮乌斯（药神）和他的父亲阿波罗。时至今日，许多人仍相信神能帮助治疗（如来卢尔德治病的病人）。

》希腊医学

基于解剖学和生理学知识的科学医学出现在古希腊，它与人体的系统解剖有很大关系，这使得人们能够深入地研究和破解人体奥秘，并通过实验方法促进解剖学的诞生。人们开始了解人体生理学，熟悉了身体如何工作后引入了新的诊断方法。手术也取得了巨大进展，如眼科专家开启了白内障手术。

在过去，几乎所有的解剖学知识都来源于牛，献祭牛的祭司们熟知牛的解剖学。与古希腊医学相比，从希腊化时代开始的对人体内部结构的系统研究绝对是新颖的。

希腊化时代出现了女医生：无论从哪个角度看，她们都是致力于卫生事业的妇女，在经过适当的专门培训后，就可以为其他人治病。

古代科学的应用

解剖图

随着印刷术的出现，解剖学插图（在中世纪，解剖学插图仅限于基本的草图，并不为文本增加信息）变得非常重要，它可以被复制出许多副本。委托画家绘制解剖详图因此就变得方便很多。在文艺复兴时期，解剖图首先是由对解剖技术本身感兴趣的画家和雕塑家受委托而制作的。从达·芬奇到提香，许多艺术家都制作过解剖图。

恢复解剖学研究

尸体解剖在希腊化时代末期被废弃，直到13世纪才再次流行。14世纪，意大利人蒙迪诺·德·卢齐撰写了历史上第一本专门论述解剖学的书《解剖学》，展示了基于其他阿拉伯著作的解剖知识，这些解剖本身并没有科学目的，更具备说明的目的：它们有助于向医学生展示古代文献（特别是帝国时代著名医生盖伦的文献）中陈述的真实性。直到16世纪，解剖学研究才由维萨里正式恢复，当时对解剖学感兴趣的艺术家、医生和药剂师均属于同一行会。

解剖学“剧院”

在16世纪,解剖学的“剧院”被安排在各个医学院（最早的是西班牙萨拉曼卡的医学院）。它们类似圆形剧场的结构，允许学生近距离观察教授进行的解剖。解剖学的“圆形剧场”（最初是可拆卸的木质结构，后来被砖石结构取代）也吸引了医学界以外的好奇观众，他们经常付费前来围观解剖活动。

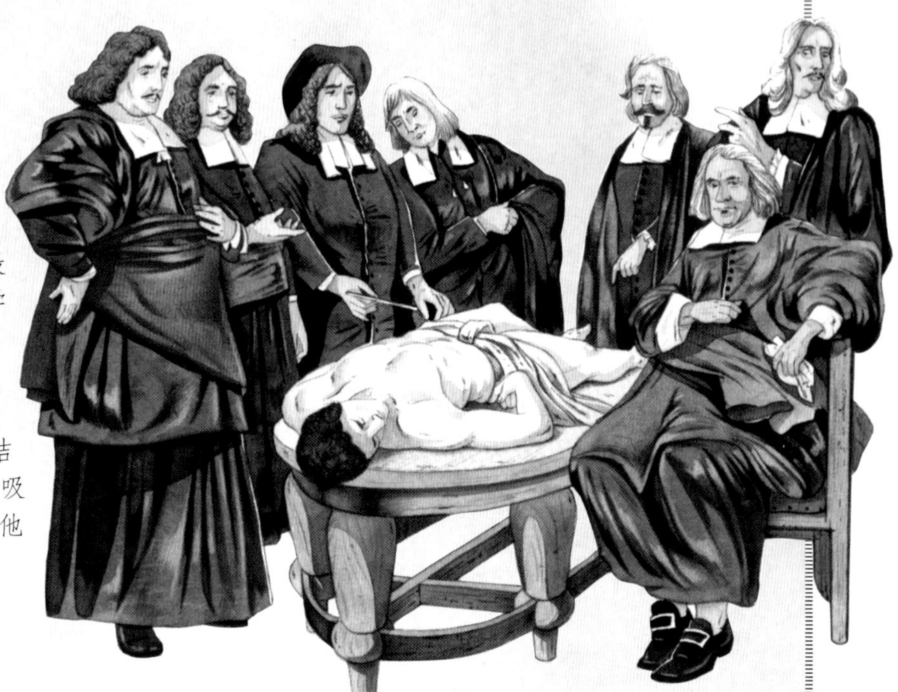

科学的主角：希罗菲勒斯和埃拉西斯特拉图斯

促使现代医学诞生的是来自塞琉古一世宫廷的医生希罗菲勒斯和埃拉西斯特拉图斯。当时这两个人都在亚历山大里亚执业，在那里解剖尸体是被允许的。

神经和肌腱

在古希腊语中，“神经元”一词既指神经（其功能当时尚不清楚），也可以指肌腱，是希罗菲勒斯首次区分了这两个概念。他将这个词留给了神经，并阐明了神经的功能。希罗菲勒斯（尽管有人声称它是埃拉西斯特拉图斯发现的）区分了感觉神经和运动神经，前者将信息从感觉器官传递到大脑，后者则通过大脑来指导肌肉的活动。

希罗菲勒斯

医生希罗菲勒斯是解剖学的创始人，他通过解剖尸体了解了大量的人体结构，并发明了一整套可以定义概念和人体各部位的术语，为解剖学分类做出了重要贡献。他对神经系统的发现，揭示了大脑的功能，深刻地影响了知识论。

希罗菲勒斯将实验方法引入医学领域，例如系统地研究心率、病理状态和患者年龄之间的关系。此外，他还被指控对死刑犯进行可怕的活体解剖实验。具体来说，他将神经的功能分为感觉神经和运动神经，并通过切割神经，观察它们反应来证实这一点。他指出，大脑而非心脏才是感觉、智力和意志的所在地。

他写过几篇有关解剖学、生理学和医学的论文，但都失传了，直到20世纪下半叶，人们发现了其他著作中所保留的关于他的内容，他的成就才为人所知。

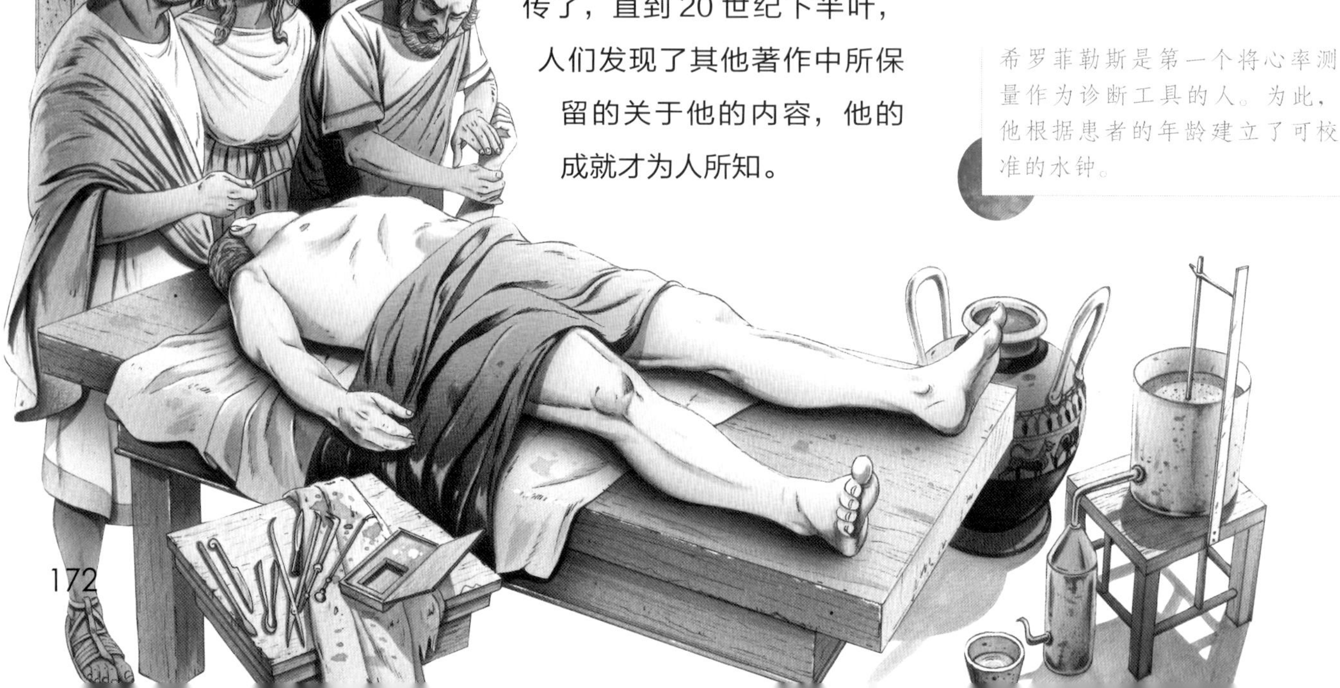

希罗菲勒斯是第一个将心率测量作为诊断工具的人。为此，他根据患者的年龄建立了可校准的水钟。

埃拉西斯特拉图斯

埃拉西斯特拉图斯在亚历山大里亚继续了希罗菲勒斯的研究。由于我们没有他和希罗菲勒斯的著作，因此很难将解剖发现成就归于他们中的任何一个，但埃拉西斯特拉图斯似乎在血管解剖学研究方面超过了希罗菲勒斯，尤其是对心脏瓣膜的描述。他在动物身上进行的定量代谢实验研究尤为重要。

密封容器中动物的重量

其他希腊医生

由希罗菲勒斯建立的亚历山大医学院运作了几个世纪，并催生了医学专业的出现。在亚历山大里亚，不仅有全科医生，还有妇科医生、眼科医生、牙医和其他专家。该学派的首批代表之一是卡里斯托斯的安德烈亚斯 (Andreas)，他也治疗精神疾病，并发明了一种减少关节脱位的机器。学院里有几名成员负责特定的专业。例如，阿帕米亚的德米特里乌斯致力于治疗性疾病，而曼提亚斯 (Mantias) 则以药理学著称，他显然是第一个通过结合不同成分来制备许多药物的人。该学派最后的代表人物之一是 1 世纪的德摩斯提尼·菲拉勒特(Demosthenes Philaletes)，他写了一篇关于脉搏的论文，尽管他的专业领域主要是眼科学。他在研究和治疗 40 多种眼病方面功不可没，包括霰粒肿和青光眼。他的眼科著作现已失传，但在中世纪仍有人阅读，当时它是关于该主题的最权威资料。

根据 2 世纪的莎草纸记载，为了证明存在着观察不到的物质，埃拉西斯特拉图斯将动物密闭在容器中，在此期间没有喂食。他比较了动物的初始重量和最终重量，连同排泄物和其他分泌物一起称重。

由希罗菲勒斯创立的医学院一直运转到 1 世纪。在他的门徒中有一位女性阿格诺迪斯 (Agnodice)。她在专业上取得的成就之多，以至于政府取消了女性从事医学工作的禁令。

安条克王子的忧伤

希腊的医生也处理心理问题。例如，希罗菲勒斯研究了各种形式的精神疾病。普鲁塔克讲述了希腊国王塞琉古一世的宫廷医生埃拉西斯特拉图斯是如何被要求为陷入深度抑郁的王储安条克治疗。在观察到王子在他父亲的年轻妻子面前心跳加快后，他立即意识到这是一种相思病，并巧妙地劝说国王将他年轻的妻子让给他的儿子。

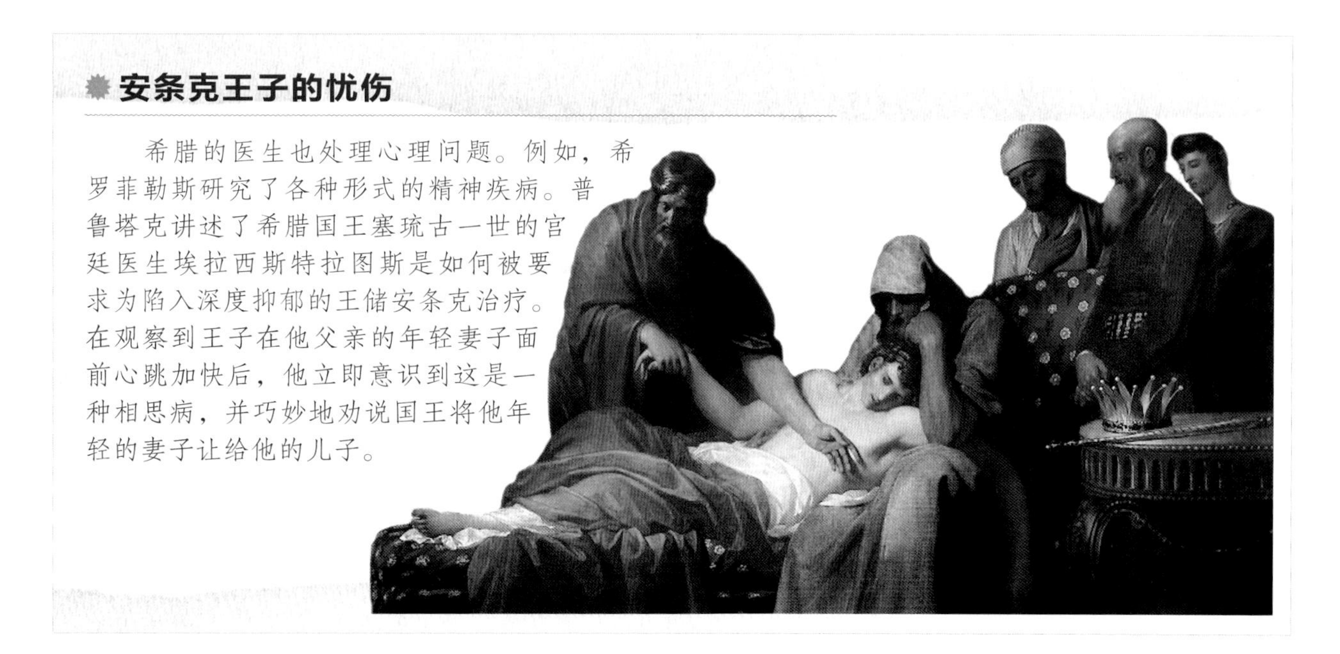

治疗和药物

古代医学中的常用药物，几乎所有都是由药用植物（现代科学也注意到了它们的作用）、矿物以及动物来源的药方组成。

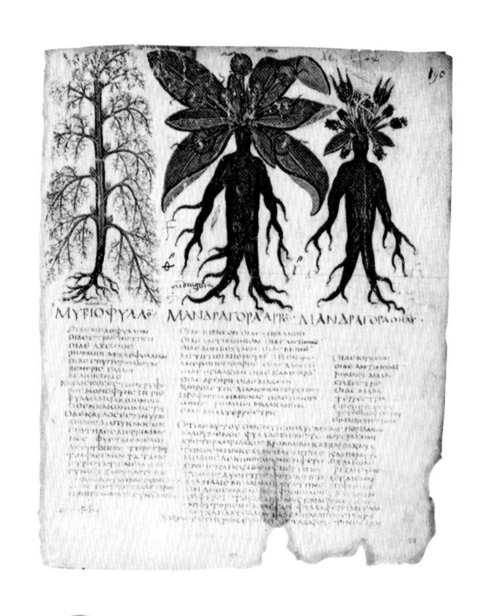

7世纪医学手稿中的一页，这是狄奥斯科里斯在1世纪用希腊语撰写的专著。这本书对医学史产生了深远的影响。

药物

在古代，几乎所有的药物都由植物制成。人们研究它们的特性，主要是为了治疗病症，因此植物学与药理学相差无几。众所周知，植物具有通便、收敛、消化、催吐、清热、镇痛、治疗、放松、壮阳等特性。现存的该主题的主要药学论著是1世纪的狄奥斯科里斯的《药物论》，该书描述了600多种具有治疗功效的植物和上千种通过不同植物组合获得的药物，某种情况下人们还使用矿物和动物。在欧洲，甚至是现代早期，狄奥斯科里斯的作品仍然是阿拉伯文明中关于这一主题的主要资料。

其他治疗手段与措施

除药物外，古代医学还对人们特殊饮食、体育锻炼和其他生活方式的改变也做出了指导。医生们甚至对病人进行了身体干预，如缝合伤口，处理出血、骨折和脱臼，甚至进行了实际的外科手术。例如，在希腊化时代，医生们就想办法取出了人体内的结石，还进行了白内障手术。

古希腊医师希波克拉底被西方尊称为“医学之父”，他相信很多植物都具治疗能力。

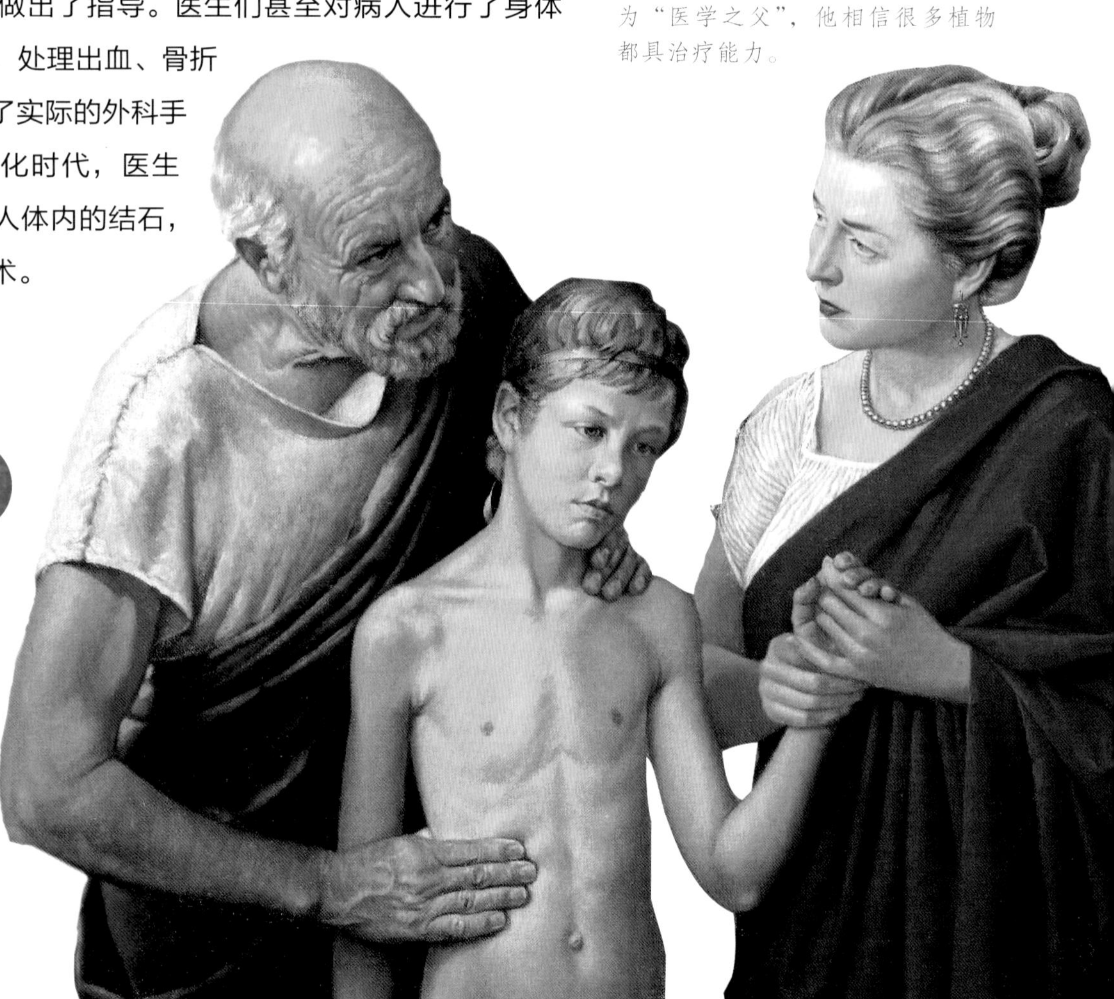

希波克拉底正在给一个孩子进行检查，这是1950年罗伯特·索恩的作品，他是一位专门研究医学史的插画家。

古代科学的应用

药品

药品的生产从来没有停止过，一直到现代早期。随着从各种药用植物中分离出有效成分进行人工合成，制药业在19世纪兴起。例如，构成乙酰水杨酸基础的水杨酸，以“阿司匹林”（以销售该药的品牌名称命名）的名义出售，是从柳树皮中提取的，具有退烧和抗炎特性。过去依靠自然界植物治疗患者的药剂师这一职业，也发生了深刻的变化。

医院

最早的医院是接收伤员和病人的宗教寺庙。但在埃及，存在一些由国家出资建立的医院，还设有医学院。在古代和中世纪，医院和宗教之间的关系一直都没有中断（野战医院除外）。修道院的激增导致在修道院内设立了许多接待场所，这些场所为那些付不起私人医生费用的人服务，同时也只是作为穷人的庇护所。在文艺复兴时期，欧洲出现了第一批独立于宗教机构的现代医院，直到18世纪才出现了第一批市政医院。

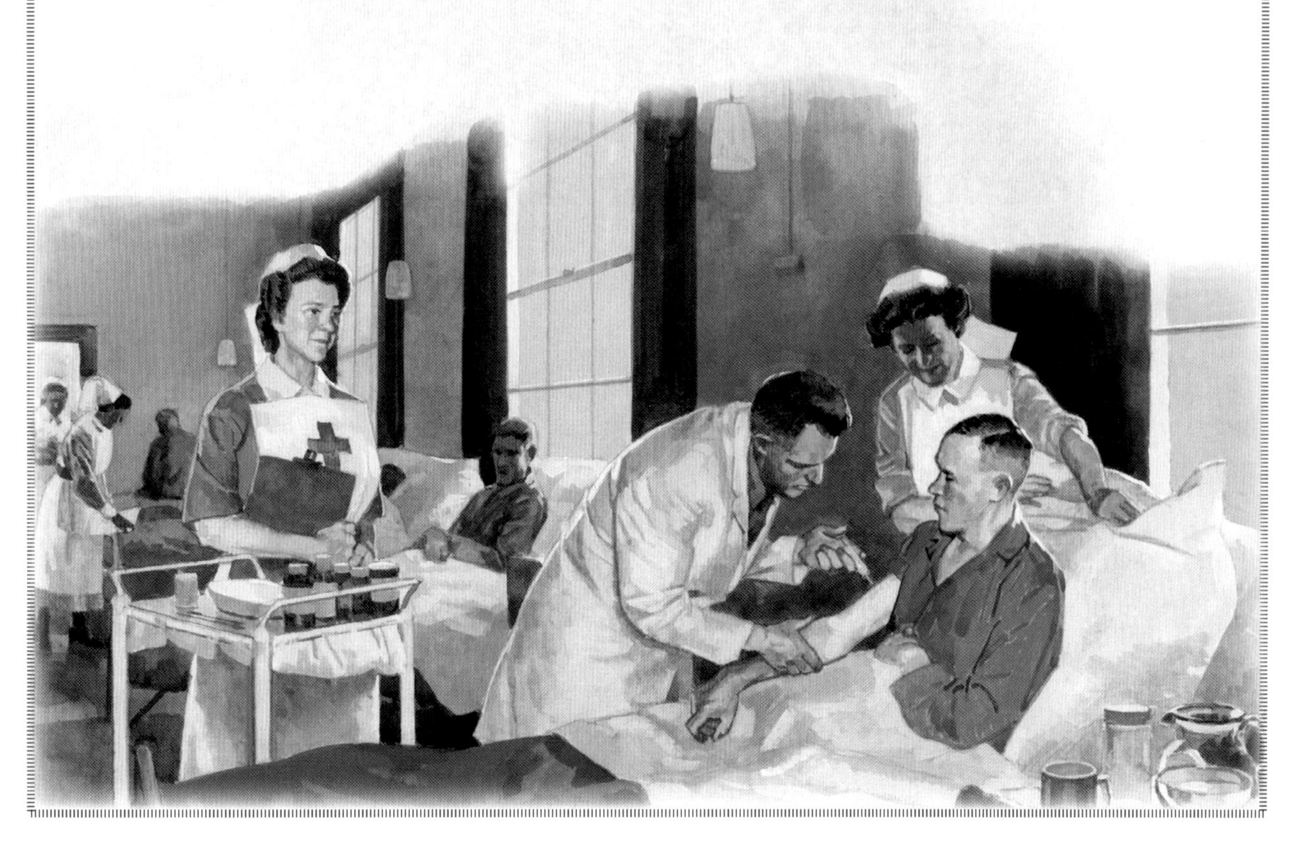

航海技术

在希腊一些最重要的城邦及腓尼基、迦太基的主要城市都是因贸易而发展起来的港口，这些地方几乎只通过海上与外界往来，因此航海技术尤为重要。

逆风航行

航行是一项复杂的技术。帆船的移动方向取决于船体、船舵、船帆、风和任何海流，通过正确地调整帆的方向，人们可以向任何方向航行。这种技术可以追溯到腓尼基人时代，并且为迦太基人和希腊人所熟知。对它的理论解释保存在亚里士多德机械工程或力学问题的著作中。

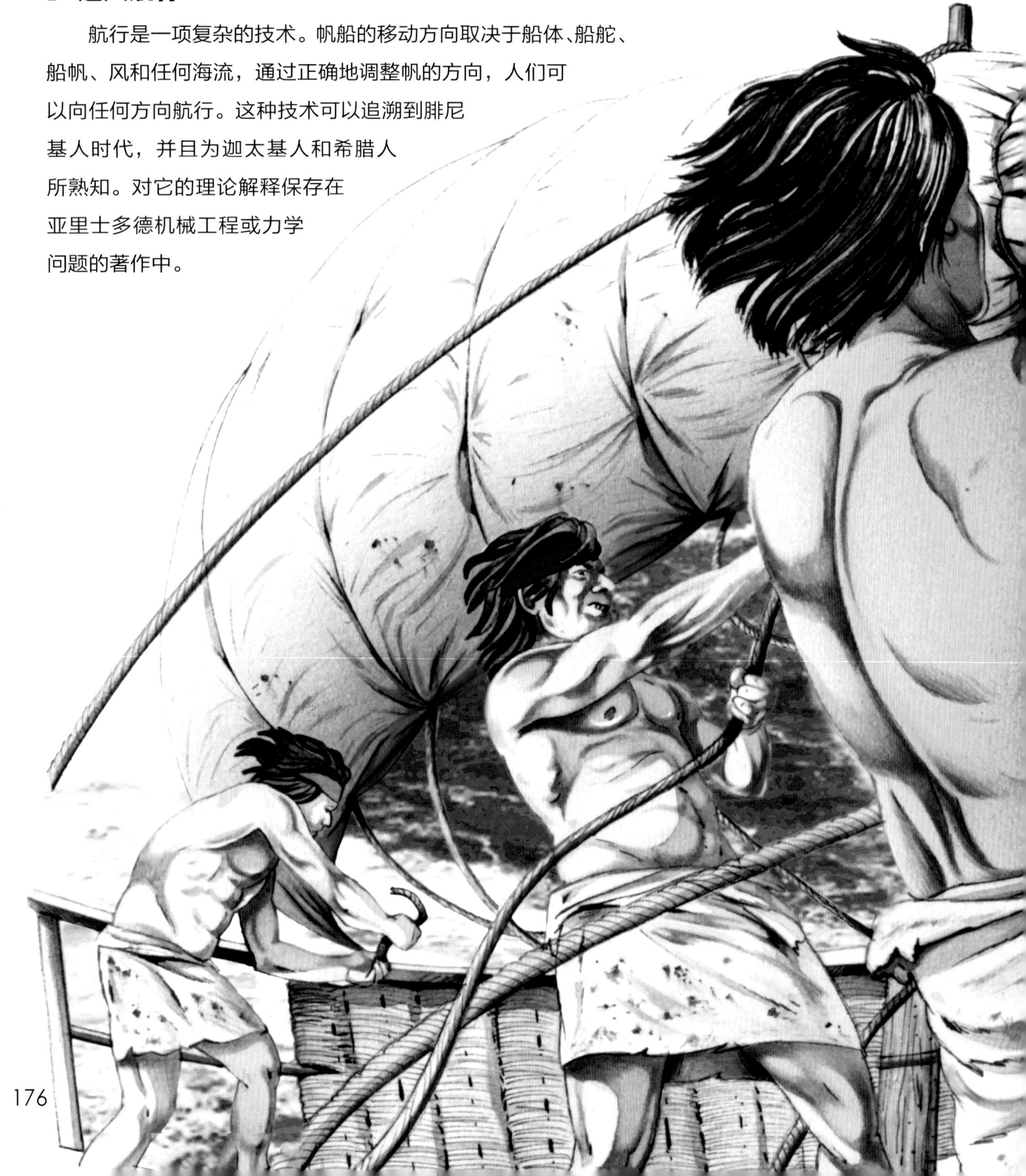

在远古时代，人们就已经掌握逆风行驶的技术了，利用Z字形航线的方法也广为人知。有许多关于这种技术的记载，在拉丁文中被称为“风神力”（Facere pedem）。

季风和信风

对于航海来说，特别是在公海上，了解固定风向和周期风向是非常重要的。季风是来自印度洋的风，只要选择了正确的时间开始航行，人们就能很容易地从红海航行到印度，反之亦然。信风是稳定的风，这使得从欧洲到中美洲的航行特别容易（沿着哥伦布走过的路线），如果你想返回，则需要沿着更北的路线。

船上的所有可用空间都用来装载货物和船员。

波利尼西亚的殖民化明确表明，在地理大发现之前，人类就有能力穿越海洋航行很远的距离，例如，大约在公元前300年左右，人们就到达了塔希提岛。

许多古代文献证明，几乎所有横跨大西洋的航行都涉及葡萄牙人称为“环海”的航海技术：该技术基于利用北大西洋环流，向着有利于航行的风向出发，就能够从东北方向返回。

秘密技术

我们不完全了解古代使用的造船技术和设备，以及当时的航行技术。古希腊历史学家、地理学家斯特拉波解释了一个原因，说在罗得岛（著名的海上贸易中心）有人提到，任何被抓到在船厂从事间谍活动的人都会被处以死刑。在《地理学》中，他描述了基齐库斯（今土耳其境内）和马萨里亚（今法国马赛），这两个港口是著名海军探险家的家乡，当地人对机械制造工艺持保密的谨慎态度。这可能是为什么我们无法详细描述使某些城市获得海军优势的技术的原因之一。

大西洋旅行

在古代，人们普遍认为"海格力斯之柱"（直布罗陀海峡两岸耸立海岬）是不可逾越的，但控制该海峡的迦太基人，却能有计划地穿越大西洋，城市为海洋所环绕的加的斯等港口的水手也可以做到。

天文技术

航海一直是天文学发展的主要动力之一。米利都泰勒斯的《航海星象学》是已知世界最早的希腊天文学著作，这绝非巧合。目前还不清楚希腊水手是否只使用星盘来观察天空，或者他们还有使用其他的仪器。

看点：探索和科学考察

古代的许多民族都曾尝试探索过世界，可惜的是他们的大部分探险都被现代人遗忘了。但他们确实踏上过中世纪欧洲人所不知的土地，这些地区直到现代，才被我们重新发现。

汉诺和喜米尔康

迦太基国王汉诺（航海家汉诺）曾率领一支舰队探索了非洲的西海岸。这一探索是我们从一份保存在碑文上的希腊译文中得知的（其历史可以追溯到公元前5世纪）。汉诺到达了非洲的赤道附近后就返回了，因为在风和洋流的影响下，船的行驶路线不断偏离海岸，使得未知航行变困难。公元前5世纪，另一位名为喜米尔康（Himilcón）的迦太基人曾对北大西洋进行了探索，他的目标是探索欧洲的西海岸并寻找“锡利群岛”，他们将其称为“Cassiterides”（我们并不确切知道它们指哪里）。

基齐库斯的欧多克索斯

斯特拉波和普林尼记载了古希腊航海家基齐库斯的欧多克索斯在公元前2世纪进行的几次航行。他曾两次从亚丁穿越印度洋直接前往印度，毫无疑问地运用了季风的知识。由于他两次携带的货物在返回时都被埃及国王扣押，因此在第三次航行中，他尝试了一条新的路线——绕着非洲走。欧多克索斯离开了西班牙的加的斯，只有这座城市的居民知道他的旅程是如何结束的。

非洲腓尼基人的环球航行

我们从希罗多德的著作得知，公元前600年左右，为法老尼科二世效劳的腓尼基人以及后来的迦太基人都曾环游过非洲。希罗多德的记载是可信的，水手们惊讶地看到太阳的轨道向北倾斜（就像在南半球观测到的一样）。鉴于公元前600年的腓尼基人相信地球是平的，这个细节只可能来自直接观察。

皮忒阿斯

皮忒阿斯出生于古希腊殖民地马萨里亚（今法国马赛）。他不仅是一个大胆的探险家和航海家，还是一位多产的科学家。我们要感谢他的观察，指出了天极并不与恒星的位置重合。他还对大西洋的潮汐进行了观察，将其与月相联系起来。普林尼在《自然史》中引用了皮忒阿斯的记录。

公元54年至68年在位的罗马皇帝尼禄头像。

为了寻找尼罗河的发源地，尼禄曾发起过一次探险活动。探险的主角是一些百夫长，他们在公元62至67年间沿着河流向赤道非洲的方向旅行。显然，他们最后到达了当今乌干达的范围。

皮忒阿斯在他的著作《论海洋》中谈到了他在公元前330年至前320年之间向北的旅行，曾越过英吉利海峡。他是第一个描述极地冰盖（冻海）、午夜太阳和北极光的人。

皮忒阿斯是第一个描述北极光的欧洲人。

皮忒阿斯的探险

皮忒阿斯在亚历山大大帝进行军事远征的同时，还探索了北大西洋，两次行动都极大地扩展了当时希腊人所熟知的世界。目前尚不清楚他是通过直布罗陀海峡离开地中海的，还是利用河流网络到达高卢的大西洋沿岸。皮忒阿斯撰写了《论海洋》一书，其中记载了他的探索经历，可惜已经佚失。从保存下来的文献碎片中，我们知道他到达了极地冰盖，并踏上了北极圈的一块土地（可能是格陵兰岛）。在罗马帝国时期，人们对大西洋并不了解，认为皮忒阿斯是骗子，因此对他的著作也不再抄写和复制。

普林尼的侄子与他同名，被称为小普林尼。据悉，这是一位有教养的人，受努米底亚和毛里塔尼亚的朱巴二世派遣（公元前52年至公元前23年间），出发前往马德拉群岛、加那利群岛和其他岛屿进行了多次科学考察。

光学(1)

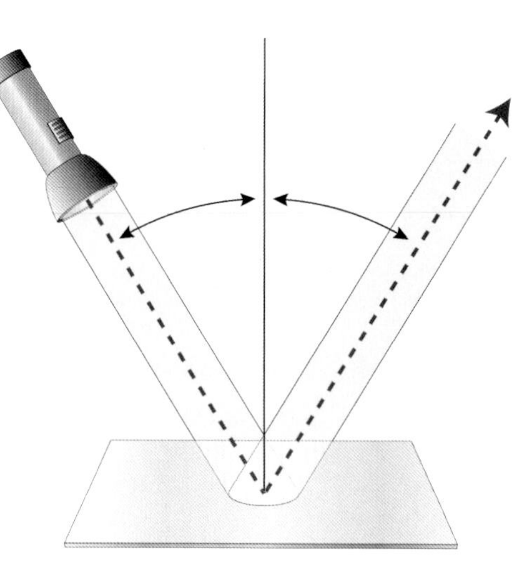

视觉理论被称为“光学”，在古代属于数学科学。光学知识被广泛应用于生活中的很多方面，从绘画到天文学，从灯塔至导航仪的设计。

古代光学

与现代光学不同，古时的光学并不是作为光的科学来研究的，而被作为一种视觉的理论。欧几里得的研究是最早取得成果的，他意识到这一理论不仅可以计算物体的实际尺寸，还可以计算它们看起来有多大（表观大小），物体之间的距离可以使用仪器进行测量，其表观（取决于观察者的位置）由观察两个点的方向之间的角度决定。古代光学确定了反射定律，获得了与折射现象有关的结果。遗憾的是，只有两篇关于光学的论文流传下来：预见了许多科学成就的欧几里得的论文和托勒密的后期论文。阿基米德写了一篇关于镜子的论文，虽然我们从其他作者那里知道他已经证明了反射定律并从中得出了许多推论，但不幸的是，这篇论文已经佚失了。也许在同一篇著作中，他也写过抛物面镜子的相关文章，只是没有留存至今。

古代光学研究了镜子并确定了反射定律：入射到镜子上的光线会被反射；它与入射到镜子上的正交平面形成的角度等于反射光线与该平面形成的角度。

抛物面反射镜

如果在胶带上贴好一系列镜子，再一点一点地调整它们的方向，使阳光始终反射在同一点 F 上，最终胶条就会呈现出近似抛物线的形状。实际上，可以证明，所有沿对称轴方向射向反射抛物线的光线都在同一点上汇聚，这个点称为抛物线焦点。当然，如果镜子原本就是抛物面形状的，其效果要比抛物线形镜子获得的效果好。

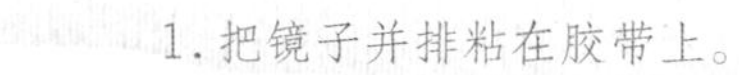

1. 把镜子并排粘在胶带上。

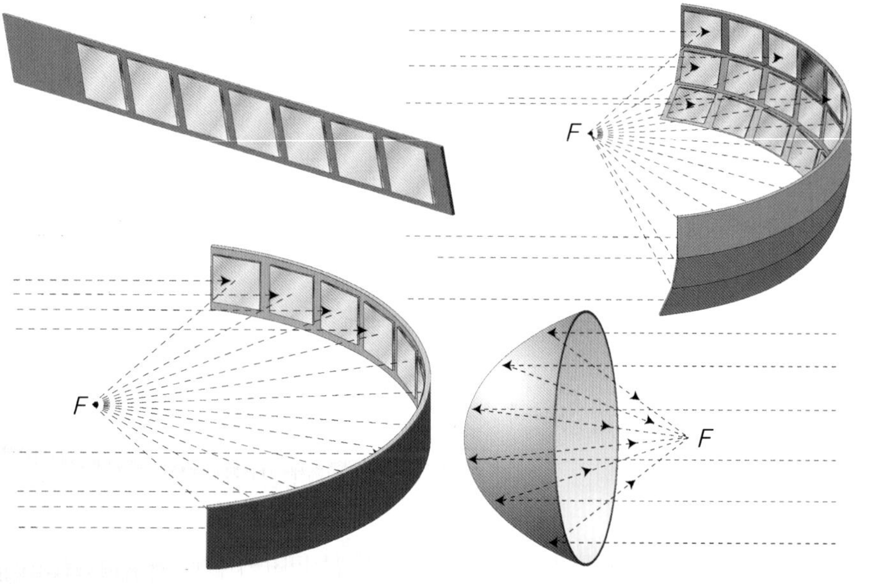

2. 镜子排列的数量越多，效果越好。

3. 镜子排列方式是使镜子在点 F 反射光线。

4. 将抛物线绕其自身轴线旋转，也可以得到同样的结果。

聚光的镜子

如果用抛物面镜集中太阳的光线，其焦点处产生的温度非常高，可以点燃可燃物，因而镜子被称为“ustorio”（“能够燃烧的”）。另一方面，如果我们在镜子的焦点处放置一个光源（如火炬），所有的光都被反射到抛物面对称轴的方向，而不会被散射到其他方向。人们用这种方式获得了聚光镜。抛物面聚光镜在现代仍然经常使用，比如汽车前灯。

透视法

光学最初被用于绘画，透视法解决了在平面上绘制物体的问题，使它们看起来更真实。当人们意识到自己所看到的取决于我们的眼睛以及视线所在的方向时，这一问题很快就被几何方法解决了。我们知道，第一幅透视图出现在希腊初期，罗马时期的绘画也有一些，随后透视法消失了近1000年，直到文艺复兴时期才恢复。由于起源的时间太久而被人们遗忘，直到近代才被认可。

一些专家提出了这样的假设：在亚历山大灯塔中，产生反射光线的光源并不在灯塔的顶部，光线被水平反射之前，是由镜子反射上来的。

聚焦的性质在4世纪后期就已为人所知，而且有可能在进行抛物面镜试验之前，就已经出现了其他类型的聚光镜，只是人们没有发现史料记载而已。

有些人认为，亚历山大灯塔在白天也可以使用，信号是由抛光的铜镜产生的，它把太阳光线反射到很远的地方。该灯塔还可以与地面进行基础通信。灯塔在夜间被点亮时，抛物面反射镜可增强光的强度。

其他应用

光学理论还应用于建筑和雕塑，依据需要，人们巧妙利用光影技术来充分展现出建筑对象的高大或神圣。在天文学中，光学对仪器的设计至关重要，其中一些仪器还被用于地形测量（如测角仪）。

光学(2)

从理论的角度及其应用来看，古代光学的某些成就都特别有趣。它们是否会在时间的长河中逐渐消逝呢？

光路可逆性

该原理（互易律）指出，如果一束光线从A到B被反射或折射多次，反过来光可以以不变的路径从B再到A。阿基米德在推导反射定律时已经意识到这一点。

其他科研结果

亚历山大里亚的希罗通过观察光总是沿着最快的路径（指最直或最不弯曲的路径，今天的费马原理）传播，证明了自己是一位出色的学者。能得出这个结论，希罗一定已经将光看成移动的事物。

后来，托勒密在自己的《光学》中继承了很多希罗的早期成果，但在折射（当光线在传播过程中遇到透明物体阻挡而改变方向）和双目视觉方面做出了自己的贡献。他观察到，光线改变方向是因为穿过的介质的密度发生了变化。在他的作品中，他提到了色觉，这是用一个带有不同颜色段的旋转圆盘进行的实验（该发明一般被人们归功于牛顿，但这无疑是牛顿在阅读了托勒密的著作后制造的）。托勒密的著作是伊斯兰“黄金时代”（8至13世纪）光学研究的来源。

如果光束遵循某一条特定的路径从A点到B点，那么同样，光束也可以沿相同的路径从B点到A点反向返回；这就是为什么在镜子中，视线从一只眼睛到另一只眼睛的路径是相反的。

将聚光镜作为武器？

传说在叙拉古围困期间，阿基米德用抛物面镜将罗马的战船点燃。这一说法并不可信，不是因为远距离使用这种镜子达到目的很困难，而是因为它只出现在拜占庭帝国的资料中，而在更接近事实的历史学家的著作中却没有提及。如，波利比乌斯在书中充分地介绍了阿基米德对城市防御的贡献，却没有提及这件事。然而，利用抛物面镜子点燃战船，我们也不能仅仅看作一个传说，也许在条件充分具备的情况下是可以实施的。

镜片

希腊人从远古时代就开始使用透镜。我们知道这一点，首先是来自流传下来的考古证据：许多镜片已经被发现，其中不乏一些做工精良的。关于这些镜片的使用目的并不一致。我们从文学资料中得知，它们被用来通过聚焦太阳光线来点火。另外，根据当时的文献，它们似乎很可能被用作放大镜，特别是雕刻家和珠宝商。由于欧几里得之后的希腊化光学著作已经佚失，我们无法得知它们的工作原理。

古代科学的应用

不被了解的阿拉伯科学

在1世纪到10世纪之间，光学研究被放弃了，但是阿拉伯人在研究托勒密的著作时又找回了原路。正如他们翻译了《天文学》(希腊科学家著名的天文学论文)一样，托勒密的《光学》也为该领域的发展提供了参考。在巴格达的智慧之家，穆斯林科学家支持“光能在真空中传播”的想法，这与亚里士多德认为“光会瞬间被真空吞没”的观点相反。波斯的比鲁尼是中世纪最伟大的科学家之一，他声称光比声音传播速度快，因为在听到声音之前就已经看到了闪电。就其本身而言，波斯数学家和物理学家伊本·萨尔在斯涅尔研究折射现象之前的几个世纪就阐明了折射定律(即今天的斯涅尔定律)。如今，这些伟大科学家的价值已得到认可，西方人花了很长时间才注意到他们的成就。

10世纪末，伊本·海赛姆在开罗为埃及法蒂玛王朝第六任哈里发哈基姆工作。

伊本·海赛姆

在光学方面贡献最大的是穆斯林科学家伊本·海赛姆，他被认为是“光学之父”，研究了人眼的工作原理，摒弃了“眼睛发出光线才能看到东西”的想法。他写了一篇广为流传的论文，指出光线来自太阳。伊本·海赛姆在光学方面最重要的著作是《光学之书》或《光学百科全书》，该书在12世纪左右被翻译成其他语言，影响了后来的科学家，如伽利略、开普勒、惠更斯等。

古代世界七大奇迹——亚历山大灯塔

古代世界的奇观之一是法罗斯岛的亚历山大灯塔（在西方，法罗斯成为这座灯塔和后来的所有灯塔的名字），50 千米之外的人们都可以看到其光线。

在安东尼·皮乌斯皇帝（2 世纪）统治期间，在亚历山大里亚铸造的硬币背面铸有灯塔的图像，灯塔形象也被装饰在马赛克壁画中。

亚历山大里亚法罗斯灯塔

这座塔因建在法罗斯岛上而得名。该岛屿位于亚历山大里亚的对面，通过一条两边各有一座灯塔的海道和城市相连。法罗斯灯塔的建造归功于托勒密一世，但实际上是托勒密二世于公元前 280 年左右完成的。该塔被委托给建筑师索斯特拉特，代表在海上航行的人们对神的敬意，他违反了当地的习俗，偷偷将自己的名字刻在了作品上。

灯塔的用途

亚历山大法罗斯灯塔在长达 16 个世纪里一直扮演着引导水手前往亚历山大港的角色，直到在 14 世纪的几次地震中受损严重无法再使用。它的价值如此之高，以至于地中海的重要港口都大力模仿，它的名字也成为专有名词，用来指代所有这样的建筑。

希腊化世界崩溃后，建造灯塔的技术也随之佚失，直到 12 世纪才在西欧被人们重新掌握（如建于 1139 年的热那亚灯塔），但缺失了基于抛物面原理的反射镜。

灯塔结构

亚历山大里亚的法罗斯灯塔由三层组成：第一层是高 60 米的方形结构，第二层是高 15 米的八角形结构，第三层是圆柱结构。灯塔的整体高度肯定超过了 100 米，创了当时的一个纪录。尽管建造如此高的建筑，需要高昂的花费，而且还要克服许多技术问题，但此塔成功地扩大了视野范围，海上远航的船只在 50 千米之外就能够看到灯塔的光。工程师们一定找到了一种将光传递到更远距离的方法，否则就没有理由建造如此高度的灯塔。

灯塔的灯

一些细节表明，该灯塔包含一个用作聚光镜的抛物面镜。首先，如果没有聚光镜，无法在较远的距离看到灯塔的光。此外，灯塔诞生于几何学和光学知识飞速发展的时间和地点，制造出抛物面反射镜不是难事。然而，光线只聚焦在一个方向意义并不大，灯塔的任务是要让人们从各个方向看到。灯塔第三层的圆柱形结构暗示可能有一种旋转装置解决了这个问题。

反射镜

反射镜的存在记载于伊斯兰时代的文献中，该文献记录说灯塔中存在镜子，这些镜子白天用来反射太阳光，晚上则反射在灯塔中点燃的火炬光芒。

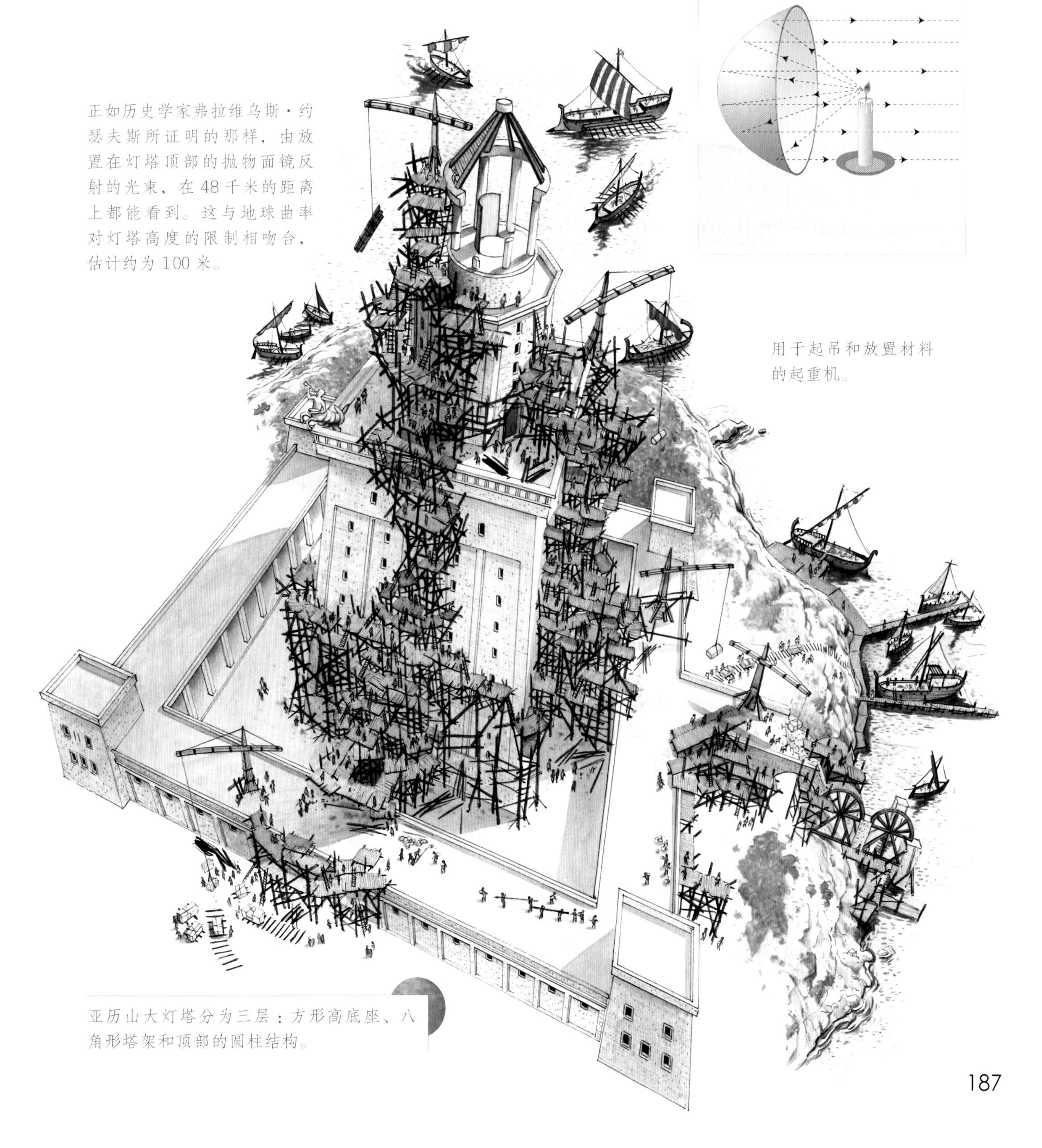

正如历史学家弗拉维乌斯·约瑟夫斯所证明的那样，由放置在灯塔顶部的抛物面镜反射的光束，在48千米的距离上都能看到。这与地球曲率对灯塔高度的限制相吻合，估计约为100米。

用于起吊和放置材料的起重机。

亚历山大灯塔分为三层：方形高底座、八角形塔架和顶部的圆柱结构。

化石研究

在希腊世界，人们总是对已灭绝动物的化石感到好奇，他们对这些化石做出了各种不同的、往往是奇妙的解释。他们的科学研究很可能开始于希腊化时期。

关于化石的古代解释

远古时代的化石里充满了神秘的气息。对当时发现他们的人来说，它们是未知的物体，并不是指向生命进化过程的依据，而是证明了一些奇幻生物的存在。例如，几乎可以肯定的是，在中国非常活跃的龙的概念，起源于在当地发现的众多恐龙化石。小型的原角龙，是一种具有喙状鼻子的恐龙，在中亚地区留下了许多化石，往往还伴随着恐龙蛋的化石。这可能是狮鹫神话的起源，希腊人把狮鹫放在亚洲，想象成狮子和鹰的混合体。由于大型脊椎动物的骨头经常因时间流逝而脱节，复原它们的原始排列很不容易，人们无法深入研究它们的形态。因此，当看到巨大的猛犸象骨头时，人们会猜想巨人曾经在地球上生活过。

骨头和遗物

在希腊，巨大脊椎动物的化石遗迹，通常被认为是巨人或英雄的遗骸，会被以遗物的方式保存在寺庙里。例如，在奥林匹亚的阿尔忒弥斯神庙保存着佩罗普斯神话中奥林匹克运动会的创始人的大型骨骼，斯巴达人则拥有一具属于英雄奥瑞斯提斯的巨大骨架。实际上，这两者都可能是猛犸象的化石。苏埃托尼乌斯说，奥古斯都大帝拥有一批畸形动物的骨头，即流行的“巨人的骨头”。

在埃及发现的化石中，菊石因螺旋形状类似弯卷的绵羊角，而被视为底比斯主神阿蒙的角。

菊石属软体动物门头足纲，大约在6500万年前就灭绝了。

灭绝的动物

在人们将原角龙误认为是狮鹫时，有可能会认为这类动物仍然存在于一些偏远地区，但大多数情况下，古希腊人将这些化石解释为已灭绝的动物遗骸。这就解释了为什么文学作品中会描写一些生活在地球上的怪物。如古希腊哲学家恩培多克勒就认为，地球上曾生活有一种可随机组合四肢的动物，介于哺乳动物、爬行动物和鸟类之间。

泰奥弗拉斯托斯和化石演变过程

一些迹象表明，对化石的科学研究始于古希腊。例如，我们知道亚里士多德的学生泰奥弗拉斯托斯撰写过一篇题为《论化石》的文章。他在另一篇被保存的论著《石头论》中提过象牙化石和石化植物。毋庸置疑，他的研究涉及化石演变过程，普林尼也曾提到了这一点。

泰奥弗拉斯托斯是亚里士多德的学生，在公元前3世纪写了两部重要的植物论著。

古代科学的应用

恐龙的“发现”

化石研究要在几个世纪后才成为一门科学。尽管在中世纪，波斯哲学家、医生伊本·西拿（阿维森纳）和中国的自然科学家沈括都曾讨论过化石的问题，但在15—17世纪的大部分时间里，欧洲最普遍的观念认为化石是“大自然的玩笑”，大自然用石头来自娱自乐，赋予它们动物般的外形。一些科学家在17世纪下半叶坚持认为化石是畜力遗骸，这一论点在18世纪得到明确。但是，并不是每个人都接受它们是已经灭绝的动物的说法。例如，卡尔·林奈认为它们是迁移到未知区域的物种的遗骸。18世纪末，法国科学家乔治·居维叶的研究为灭绝辩论打开了大门。直到19世纪，化石的真实存在才为所有科学家所接受，研究这些发现的古生物学也随之产生。

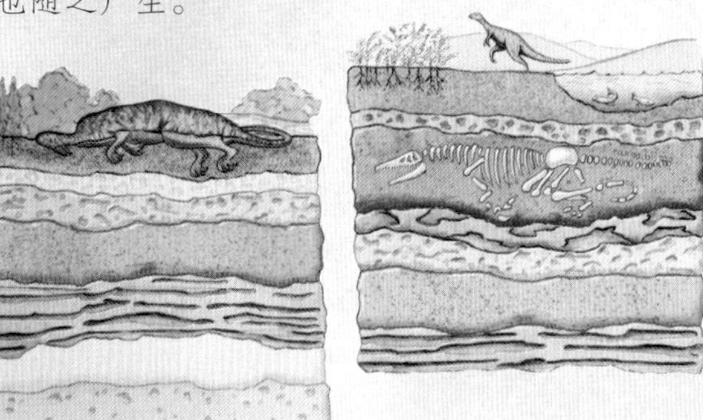

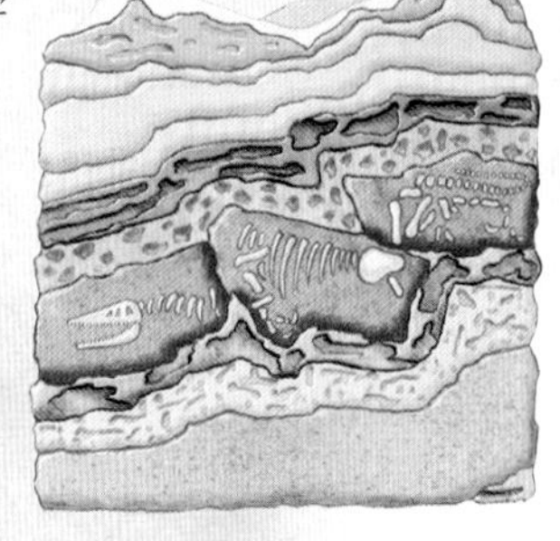

岩石地带内的恐龙化石。

多数情况下，巨大的地震运动形成的山脉中都保存了恐龙化石。

自然科学

同样在自然科学领域，尤其是畜力学和植物学领域，希腊化时代社会见证了从纯粹的经验主义方法到第一次系统的科学研究的过渡。

动物学和植物学

动物学始于猎人、渔民和养殖者，他们获得的经验在公元前 4 世纪开始被科学地系统化。从亚里士多德的作品中可以发现，他对这一领域特别感兴趣。亚里士多德不仅描述了许多动物的外表，还研究了它们的器官和结构。例如，他决定将鲸归入与狗和马相同的类别，而不是像它们的栖息地和形状所表明的那样归入鱼类。动物学和植物学随着亚历山大大帝的战役推进得到了很大的发展，从征服地带回国的战利品使希腊人大开眼界。亚里士多德的后继者泰奥弗拉斯托斯主要致力于研究植物学，植物学被大量研究来源于人们对很多植物的治疗功效感兴趣。我们现在仍能阅读到当时有关植物学的论文，但希腊化时代的动物学著作却没有流传下来。

第一位动物学家

亚里士多德被许多人认为是“动物学之父”，因为他在公元前 4 世纪就开始按照动物的亲缘关系对它们进行了分类。他把动物世界分为两类：有血的脊椎动物和无血的无脊椎动物。作为研究海洋生物的先驱，亚里士多德的《动物志》是对标本细致研究的结果。罗马人盖伦则对骨骼和关节进行了分类，他对动物进行了研究和实验，并做了许多活体解剖。

在亚历山大里亚，博物馆的科学家们可以利用的场地还包括一个动物园，托勒密二世费拉德尔福斯将其设置在王室辖区内。这点，也被其他希腊化时代的主要城市所模仿。

动物学和植物学实验

古希腊时，科学家们在动物学和植物学领域进行了许多实验。几千年来，人们一直通过选择最佳亲本和杂交的方式来改良物种，但这些实验只是最佳亲本。希腊化时代这些实验则是由拥有国家资源的科学家们进行的（如埃及的小国帕加马），这大大加快了这些领域的发展步伐：动物繁殖加快、新物种培育进度提高，甚至包括水生物种。

普林尼在《自然史》中说，亚历山大大帝命令他的将军们把发现的所有未知生物、动植物的标本送给他的老师亚里士多德。

古代科学的应用

自然选择的理论

通过对动物器官的研究，我们发现它们的形状和构造决定了各自功能的发挥，就好像它们天生为功能而生。这是亚里士多德的观点，他认为大自然是设计师，基督教作家也相信上帝对此有一个神圣的计划。但是，也有人反对（也许是泰奥弗拉斯托斯）亚里士多德的观点。这位反驳者以牙齿为例，按说牙齿的形状使其可以执行各种咀嚼功能，但牙齿不是经过设计的，而是随机形成的，因此那些被赋予了适合咀嚼的牙齿的动物恰好能够生存和繁殖，不适合的其他动物则已灭绝。这种自然选择的理论后来又被重新提起。

查尔斯·达尔文

从18世纪开始，人们对化石的研究表明，动物物种已经随着时间的推移发生了变异。在19世纪初期，生物进化的想法有很多支持者，但他们对这种进化的原因尚不清楚。查尔斯·达尔文研究了地质学和地壳的变迁，推断自然环境也随着时间而改变。他采用了古老的自然选择概念来解释物种的变化。这一理论的基本观点是，每一代物种的出生都伴随着相应的变异，在探索了所有可能的变异之后，最适应环境变化的个体最有可能成长和繁殖。物种在不断积累变化之后，就产生了根本性的差异。

1835年，查尔斯·达尔文在加拉帕戈斯群岛停留期间注意到，乌龟的外壳因其居住的岛屿不同而不同。

科学的促进者:克罗狄斯·托勒密

克罗狄斯·托勒密于公元 2 世纪工作于亚历山大里亚，在那些试图在帝国时代恢复希腊化科学的圣贤中尤为重要。

》科学的危机与复苏

喜帕恰斯是最后一位伟大的希腊科学家。他最后一次已知的天文观测可追溯到公元前 126 年。从那时起，尤其是在罗马征服之后，所有领域的科学研究都中断了。几个世纪后，特别是在公元 2 世纪，帝国的政策有利于科学研究，亚历山大里亚图书馆和博物馆的存在更使科学家们受益。正是在这个时候，托勒密活跃起来了。

托勒密的世界地图（已知世界）于 15 世纪上半叶在佛罗伦萨重新出现。它是根据拜占庭的马克西姆斯·普兰努德斯在 14 世纪后期发现的一份手稿从希腊文翻译过来的。

》托勒密的工作

托勒密的研究几乎涉及了所有的科学领域：数学、天文学、光学、地理、数学和音乐理论。在《光学》一书中，他研究了直接视觉、镜面理论和折射现象。著作中关于镜子的部分，涉及了平面镜、圆柱镜和球面镜，却没提及已经被发明的抛物面反射镜。

克罗狄斯（相当于我们姓氏的罗马名），这个名字表示托勒密生活在罗马统治下的埃及，拥有罗马公民身份带来的特权和政治权利。

托勒密最著名的贡献与天文学有关。他关于该主题的文献，被阿拉伯人称为《天文学大成》，书中论述了天体运动和结构，提出了太阳、月亮和行星围绕地球轨道的几何模型。然而，托勒密否定了日心说，也否定了地球的昼夜自转，回到了亚里士多德时期关于地心说的概念。

在《地理学》（或《世界地理集》）中，托勒密重新引入了球面坐标系，但他只恢复了部分希腊科学知识。15 世纪后的欧洲，这些原稿被学者们和熟练的制图员们研究，画出了超越以前任何世纪的精确地图。

托勒密描述了三种类型的投影，用于绘制人类居住区的地图。利用这些信息以及经纬度数据，可以重建托勒密的地图。

托勒密的地理学

大约在 1300 年，托勒密的手稿被发现。1 个世纪后，这部作品被翻译成拉丁文，并于 1475 年在维琴察出版了第一个印刷版本，随后又有许多其他版本。被遗忘的球面坐标系又重现于世，这也使得科学制图的传统在许多世纪后得以恢复，尽管他亲绘的地图并不存在，但他详细描述了许多位置，后来的制图师们能够根据这些地点重建他们对世界的认识。这种新的制图法使制图师考虑到地球曲率的海洋路线成为可能，这对当时的地理大发现至关重要。

《地理学》

托勒密的《地理学》是一本讲解如何绘制已知世界的地理地图的书。除了指出 6345 个位置的经纬度外，托勒密还解释了如何计算这些坐标，并展示了三种不同的制图投影方法（在平面上绘制球面部分的三个方法）。但是，这部作品有两个错误：托勒密错误地估计了地球的尺寸，他还成比例地增加了所有经度的差异。

《天文学大成》

一千多年来，托勒密的《天文学大成》构成了欧洲和伊斯兰世界天文学研究的基础。正是因为被翻译成了阿拉伯语，这个被遗忘的作品才得以在西方被重新发现，里面将 1000 多颗亮星列出一个详细的星表，并划分为 48 个星座。

经线在地图上由连接南北两极的半圆弧线表示。

纬线由多个平行的圆圈表示。

科学的促进者:希帕蒂娅

希帕蒂娅是最后一位真正意义上的古代科学家，公元5世纪，她在亚历山大里亚新柏拉图学院任教。她研究哲学、数学和天文学，并对古代的旧文献发表过一些评论。如今，她是彰显女性在科学领域重要性的代表性人物，是科学领域的女性先驱者。

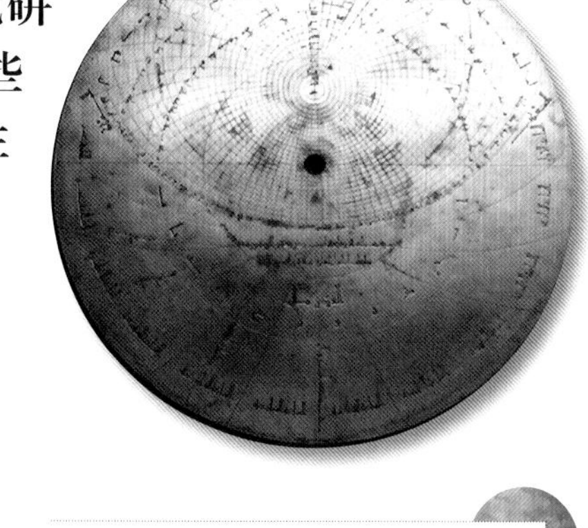

11世纪的阿拉伯星盘。昔兰尼的席尼西斯（370—413）将这种仪器的发明归功于希帕蒂娅，其实托勒密时已经知道它的存在，希帕蒂娅可能对它进行了改进。

科学活动

我们知道，希帕蒂娅在亚历山大里亚教授哲学和科学，并取得了巨大的成功。昔兰尼的哲学家席尼西斯是她的学生，表达过对老师的终生敬仰和奉献。希帕蒂娅也是一位数学家，在代数和几何学方面发表过作品，但都没能保存下来。希帕蒂娅的父亲，同时也是她的第一任老师席恩，在女儿的帮助下，撰写了托勒密《天文学》的部分评论。

谋杀惨死

415年，一群狂热的基督徒在希帕蒂娅回家的路上抓住了她，因为她从不向他们的信仰示弱，放弃自己的科学思想。暴徒们将她拖到教堂，残忍地杀死了她。来自耶路撒冷的西瑞尔主教（后来被天主教会神圣化）应该对谋杀负有一定责任，这一事件发生在他推行反“异教”和“邪说”时期。

拜占庭的百科全书《苏达辞书》（10世纪）认为希帕蒂娅对佩尔加的阿波罗尼乌斯关于圆锥曲线的文章作了评论，可惜已经佚失了。

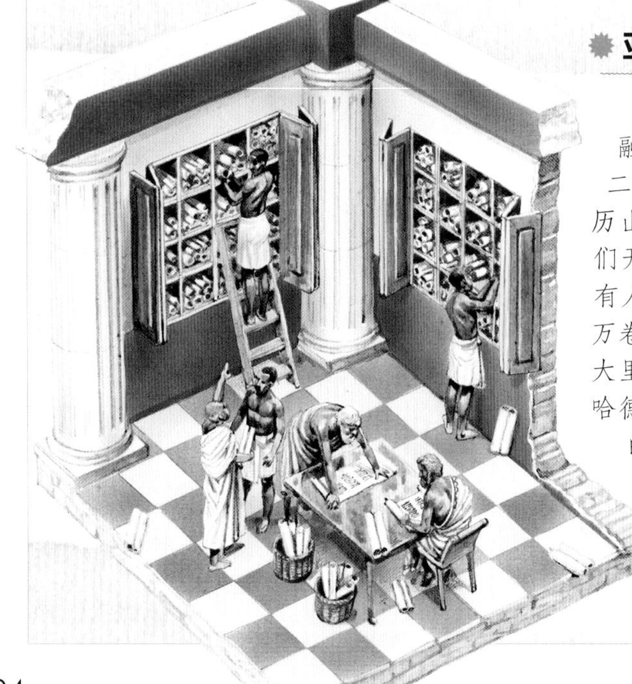

亚历山大的塞拉皮斯

塞拉皮斯是一个供奉塞拉皮斯神的圣殿（一个融合了希腊和埃及宗教传统的奇怪神灵）。托勒密二世曾下令在这里增设一座图书馆，这是著名的亚历山大图书馆的一个小“分支”。与面向图书馆学者们开放的亚历山大图书馆不同，塞拉皮斯图书馆向所有人开放。在早期托勒密王朝时期，它的藏书有约4.3万卷。大约在公元100年，图拉真统治期间，亚历山大里亚的犹太人发动叛乱，这座神庙被摧毁。后来，哈德良皇帝又重建了它。391年在消灭所有非基督教的信仰时，塞拉皮斯图书馆被拆除。基督教和非基督教的作者在自己的作品中以完全不同的两种版本讲述了其消失的过程，一些文献将塞拉皮斯图书馆的消失与不同信仰之间的暴力冲突联系起来。

》对知识分子的迫害

4 世纪时，皇帝们对基督教的态度发生了根本性的变化。在此之前，基督徒一直受到迫害，而现在，他们不再受到迫害（君士坦丁大帝在 313 年发布“米兰声明”），后来基督教成为帝国的官方宗教（380 年“塞萨洛尼基法令”）。最后，当罗马皇帝狄奥多西一世在 391 年和 392 年分别颁布关于确定教派法令时，所有非基督教以外的教派都被消灭了，他通过法令惩罚了那些进入异教圣殿祈祷的人。对非基督教教徒的迫害是非常暴力的，许多地方也发生了类如毁灭塞拉皮斯和杀害希帕蒂娅的事件。例如，在安提阿，大主教约翰·克里索斯托（金口约翰）组织了一次拆除神庙并杀死偶像崇拜者的远征。在加沙，主教波菲里奥下令摧毁玛纳斯神庙。

希帕蒂娅学校

希帕蒂娅在自己家中传授知识，她的名气很大，以至于学生来自罗马世界的各个角落。显然，对于杀害她的基督徒的仇恨不能一概而论，因为在她班上也有信仰基督的学生。她的学生几乎都是贵族出身，其中最优秀的当属昔兰尼的席尼西斯，正是因为他，我们才知道希帕蒂娅在她的学生中备受钦佩，正如席尼西斯所说，学生们认为她是“真正的哲学奥秘大师”。

君士坦丁堡的索克拉蒂斯（380—440）是一位希腊历史学家，他讲述了基督徒如何在一位传教士的带领下，在回家的路上出发去偷袭希帕蒂娅。这些暴徒将她从马车上拉下来后，拖进教堂，扒下衣服，并用锐利的蚌壳割她的皮肉。

希帕蒂娅手里拿着一个用于研究圆锥截面的木制模型。

在希帕蒂娅的学生中有昔兰尼的席尼西斯，还有后来的利比亚托勒梅达的主教。

NO.5

艺术科学

在艺术领域，希腊文明产生的艺术作品也一直是西方文明的参照物。该领域的发展与科学密切相关，因为艺术家们熟悉科学理论，并将其应用到他们的作品中（例如，绘画中的透视或音乐和表演艺术中的声学）。像科学家一样，艺术家们对破解他们艺术的奥秘有着共同的热情。

绘画

希腊绘画作品都没能留存至今，但人们可以通过文学描述、复制雕刻的马赛克壁画和模仿希腊作品的罗马绘画对其进行部分重建。

希腊绘画

在古希腊的两个不同时期，绘画艺术是有区别的。由于主题选择和绘画技巧的不同，可以从绘画中观察古典时期到希腊化时代的过渡：风景画和静物画的兴起、动物和植物被科学地精确再现。大型壁画忠实地再现了花园和其他主题，以至于欺骗了观察者的眼睛。雕塑领域也一样，艺术家精心表现了人类的表情和心理，模特也并不总是“高贵”的对象（神灵或君主），而是日常生活中的普通人。科学和技术的进步丰富了绘画的内容，这要归功于艺术家可用的颜料的增加和新的透视技术使用。

古代人物形象的表现与所表现的人物有关，其绘画方式取决于其相关性。但是，随着对希腊解剖学的研究，在具象绘画中体现出了更多的现实主义色彩。

罗马的透视法

在使用由希腊化画家引入的透视技术的罗马画家作品中，1961 年在帕拉丁山奥古斯都故居中发现的壁画尤为显眼，这些壁画展示了受戏剧场景启发的复杂建筑装饰。其他明显使用透视法的壁画则来自庞贝城（如下图提到的那幅）。

光学、场景设计和透视

作为一种应用，透视理论从光学科学的发展中诞生：画家必须遵循的规则得到了拓展，为观众提供了能够欣赏的立体图像。此种手法最早用于戏剧舞台布景，因此被称为“场景设计”。至今尚无阐述该理论的文章，但保留了一些能明确证明该理论的科学著作。例如，托勒密在《地理学》中解释了如何用透视图制作一个绘有经纬线的地球仪。数学家亚历山大里亚的帕普斯（4 世纪）有一段话更显重要，在评论欧几里得的《光学》时，他详细地解释了确定我们今天所知道的“灭点”的结构。除了许多描绘三维空间绘画作品的文学描述外，我们还拥有几幅罗马时期的壁画，这些壁画说明在透视技术失传之前，人们一直在使用这项技术。

庞贝“金手镯之家”的夏日三合院中的壁画细节（属风格 III）。该作品的创作日期可追溯到公元 30—35 年。

失落的印象派

希腊化时代初期，被罗马人称之为“纲要式”的绘画兴起：这种绘画创作起来非常迅速，没有轮廓线，专注于光的效果，历史学家一直将其与现代印象派联系在一起。直到19世纪中叶，这种风格才从文学著作的描述中被我们得知。这种风格的第一批画作在罗马被找到：1848年在埃斯奎林发现的“格拉齐奥萨之家”壁画，以及1869年在帕拉丁山上发掘的“利维亚别墅”壁画。几年后，即1874年，现代印象派正式问世。

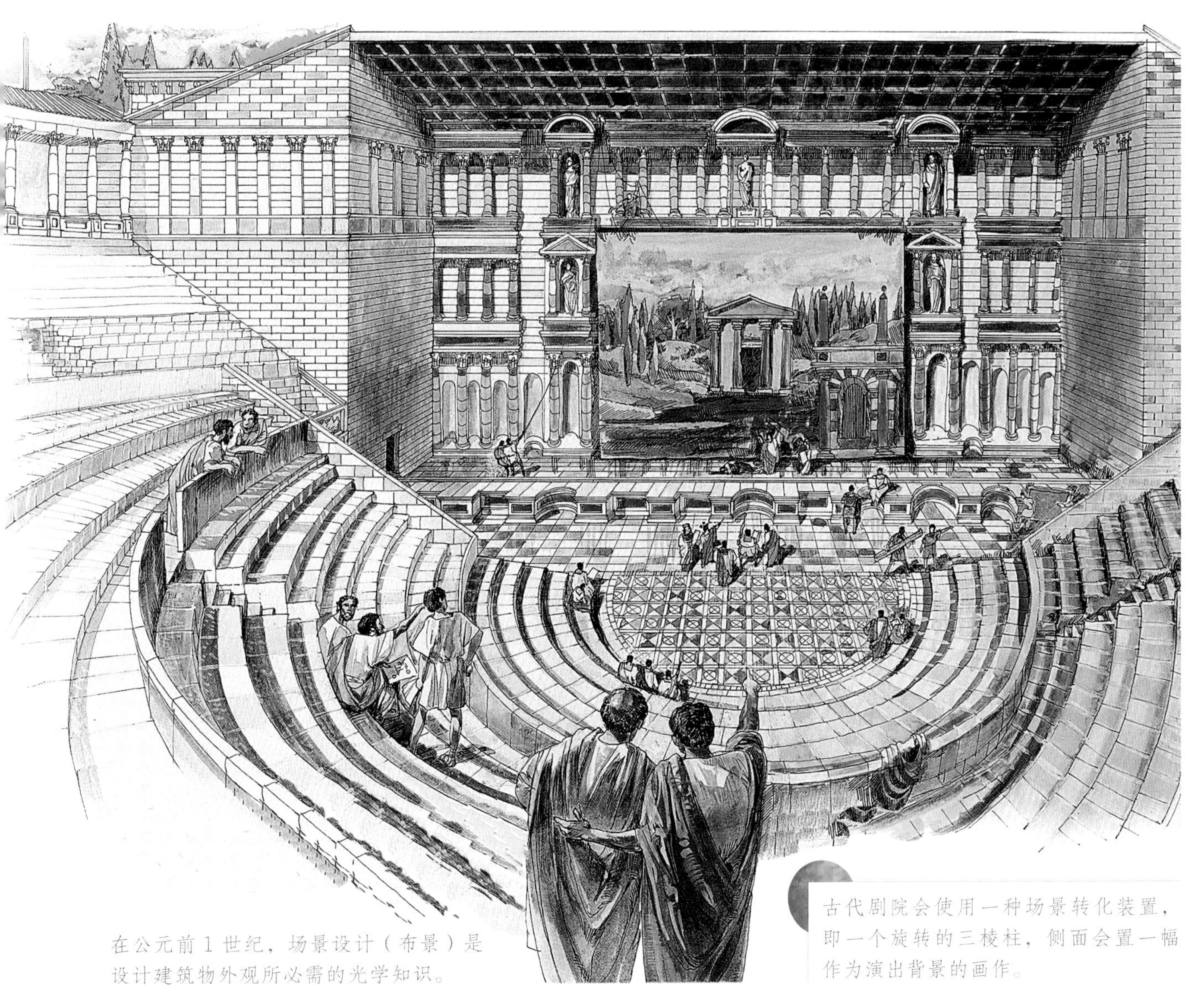

在公元前1世纪，场景设计（布景）是设计建筑物外观所必需的光学知识。

古代剧院会使用一种场景转化装置，即一个旋转的三棱柱，侧面会置一幅作为演出背景的画作。

建筑与雕塑

古代给我们留下了许多建筑和雕塑作品。在建筑领域，科学创新产生的影响尤为深远。

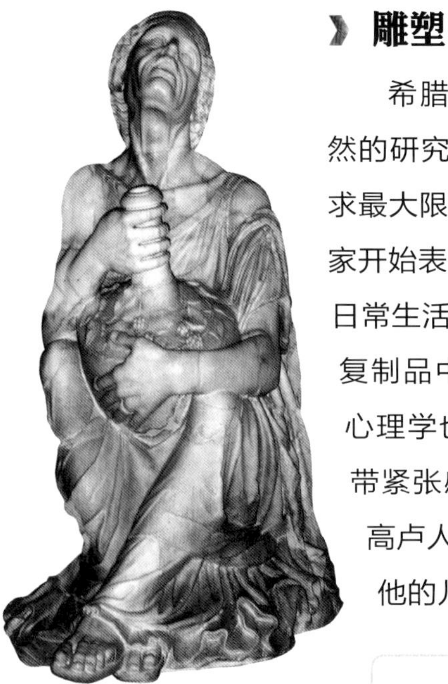

《醉酒老妇》的罗马复制品，希腊时期的大理石雕塑，年代可追溯到公元前300至前280年。

雕塑

希腊的艺术家们并没有忽略对自然的研究，他们放弃了对美的追求，以求最大限度地接近现实。忠实于此的雕塑家开始表现人物的身体缺陷，就像他们在日常生活中看到的那样（如，我们从罗马复制品中看到的《醉酒老妇》）。人们对心理学也产生了新的兴趣，表现了很多带紧张感和戏剧性的作品，如《垂死的高卢人》《自杀的加拉太人》《拉奥孔和他的儿子们》。

这些雕像的颜色从朱红色到蓝色、黄色或绿色不等，还添加了赭色、紫罗兰色和绿松石色，甚至还有金色光泽。但这些颜色并没有被保存下来。

神庙被涂上了鲜艳的色彩，但是随着时间的流逝，颜色慢慢消退了。

雕塑中还添加了不易察觉的光学校正。

数学以对称的几何元素出现于建筑不同部分中，体现了视觉的平衡。

弯曲的结构

希腊化时代，拱门和拱顶数量激增。圆形建筑也出现了，这种形式长期以来曾被认为与希腊建筑风格格格不入。

建筑

自史前时代以来，建筑不再是一门艺术而是一门科学，是一门需要不断进行研究的科学。但古代的建筑师们在创造真正的艺术作品时并不犹豫。例如，城市规划的目的不仅旨在提供适合其所在空间的功能性建筑，还创造了美丽的景观。建筑物的美学演变与科学技术的演变并驾齐驱。

运动中的身体

这项研究的证据表明，希腊雕塑家的创作源泉是大自然和人类。雕塑家除了表现运动的肌肉力量外，还展现出了运动中的形态，如雕塑《阿尔忒弥斯的骑手》，就展现了加速奔跑中人与马飞驰的动作。

古代科学的应用

透视法的回归

透视法是一种在中世纪几乎完全消失的技术，尽管在中世纪晚期，人们曾多次尝试立体绘画（如乔托的作品）。文艺复兴时期，意大利的菲利普·布鲁内莱斯基创做出了第一幅真正意义上的透视法绘画。布鲁内莱斯基使用的不是一种理论，而是光学仪器。他设计了两张表，通过这些表格可以验证透视绘画与实际物体之间的对应关系，但是他没有留下任何关于这一理论的文字。文艺复兴时期对经典作品的审视有助于评估科学研究在艺术中的应用价值，并有助于恢复古代科学家的作品。

莱昂·巴蒂斯塔·阿尔伯蒂

第一部关于透视的理论著作是莱昂·巴蒂斯塔·阿尔伯蒂于 1435 年完成的《论绘画》，这也是文艺复兴科学的第一部著作。阿尔伯蒂的目标是建立基于几何学和光学的绘画科学。他的灵感既来自欧几里得的《几何原本》和《光学》，也来自他深厚的古典文化修养，这使他意识到需要恢复几何和绘画之间的关系，这种关系在古代是如此生动。但是，在书里阿尔伯蒂未能提出关于视角的理论，即提出定理，正确的证明和经验性规则。

透视理论

伟大的画家和数学家皮耶罗·德拉·弗朗切斯卡确实阐述了一个完整的视角理论，他在 1474 年完成的《论绘画中的透视》一文中做出了说明。皮耶罗从欧几里得的《光学》中推导出该理论，旨在恢复古代知识。虽然关于这个问题的论文已经遗失，但这项工作并非毫无意义。透视理论是数学的一种应用，对数学家帮助很大。另一方面，以翻译希腊科学论著而闻名的学者弗雷德里克发挥了重要作用。在他 1575 年的《欧几里得的元素》版本中，他用透视法来说明立体几何，成为有史以来第一次清晰易懂地讲解这一理论的书籍。

莱昂纳多·达·芬奇（1495—1498）的《最后的晚餐》。画家选择了中心透视的方法，光的灭点位于最中间的基督的头顶。

音乐与文学

在音乐领域，我们缺乏对古典文化的了解显而易见：音乐、音调、和声、旋律、节奏、交响乐、曲调、复音、合唱、管弦乐队、诗歌、颂歌、赞美诗、抒情诗、田园诗、挽歌等都是希腊语词汇。

音乐理论和数学

从毕达哥拉斯时代开始，音乐理论就被认为是数学的一部分。从声音的高低与振动频率相关的那一刻起，音乐理论就开始用数学方法来破解奥秘。当人们意识到音乐感觉并不完全取决于单个音符的频率，而是取决于它们之间的连续关系时，数学变得更加重要。我们有欧几里得的音乐理论著作，许多后来的科学家（包括托勒密）也都研究过乐理。

古典和希腊音乐

“音乐”一词是源自希腊的形容词“mousikos”（和缪斯女神有关）。在古典时期，它并没有现在的意义，因为除了音乐本身之外，它还包括唱歌和跳舞：这三种活动被认为是不可分割的，通常在表演中合并在一起。希腊化时代，破解音乐奥秘的概念诞生了，音乐变得与其他学科不一样，当时已经有专人负责将其转录成乐谱，这逐渐变成一种广为流传的习俗。

公元2至3世纪，音乐家们在装饰着马赛克风格的罗马别墅中，演奏着管风琴和号。尼禄皇帝带客人来到皇宫，向他们展示了他自己制造的新型水力管风琴。

水力管风琴

水力管风琴是使用水保持恒定气压的设备。这种设备（公元前3世纪发明的）已经在历史上消失了，它的功能在今天也不为人所知。后来，阿拉伯人和拜占庭人在13世纪引入了自动水琴，但它们是不同的。1931年，人们在古罗马城市阿昆库姆（今匈牙利布达佩斯的郊区），发现了一个源自希腊的古老水力管风琴的遗迹，该设备严重老化，根据青铜牌标明的记载，其建造日期是在公元288年，这也是首次发现这种乐器的实物遗存。

希腊音乐的影响

希腊音乐间接地对现代西方音乐产生了深远的影响，甚至更早。中世纪的“拉丁圣乐”，尤其是拜占庭礼拜仪式音乐也不是独立出现的，它再现了古代音乐的传统元素。但少数留存下来的乐谱也发挥了作用，例如，文艺复兴时期音乐界的重要人物文森佐·伽利雷（长子是著名天文学家伽利略·伽利雷）出版了《梅索梅德斯的缪斯赞美诗》。19 世纪，法国作曲家、乐评家克洛德·德彪西还被发现的公元前 2 世纪的两个乐谱深深感动。

青铜共鸣器

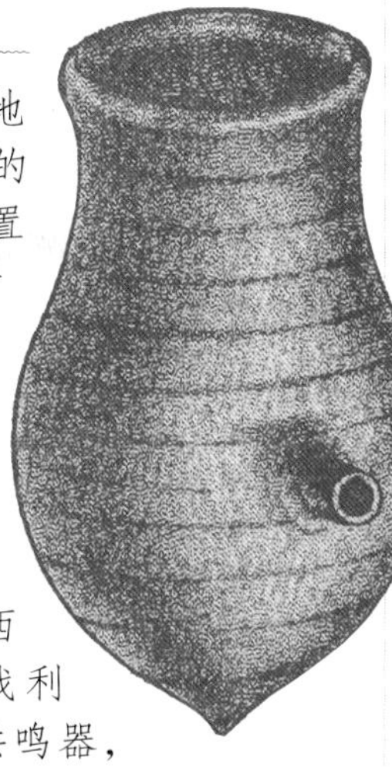

古代科学（更确切地说，是声学研究）对艺术的另一贡献是在剧院中放置共鸣器。它们是可以在音乐和歌唱时产生共振的青铜器皿，设计师选择的这些共鸣器可以放大振动的强度，从而产生美妙的声音效果。当罗马人征服科林斯，指挥官卢西奥·穆米奥带回罗马的战利品中就包括了剧院中的共鸣器，因为他不知道它们的用途，就将其作为供奉月神的祭品。

希腊化时代，职业音乐家通过签署合同获得丰厚的报酬，甚至如果在比赛中获胜，他们还可获得比赛地的公民身份。

亚历山大图书馆和帕加马图书馆收集了数十万卷书或莎草纸卷轴，但这些珍贵文物在这两个文化中心遭受的抢劫、火灾和清洗中被洗劫一空。

在希腊化时代，书写是在莎草纸卷轴上进行的。

图书馆

图书馆里的书籍是希腊化文学的基础。它们不仅保存了已故作家的作品，还通过允许人们阅读这些作品进行知识传播。文学最初是口述，后来逐渐被抄写在莎草纸卷上（根据希腊人的说法，是卷轴）。希腊人的这一贡献对文化传播至关重要。图书馆还设有写作工作室，在那里可以抄写、翻译甚至发表评论。在罗马时代，图书馆得到了维护，也正是在那时出现了第一批真正的公共图书馆，但随着罗马帝国的衰落，这些文化中心消失了。唯一存放书籍的地方是只供少数人阅读的经院。在 10—13 世纪出现第一批大学和新图书馆之前，文化一直都在消退。

古代编年史

公元前 8 世纪

盲诗人荷马《伊利亚特》的大致创作日期。这部作品所传达的知识中，有这样一个观点：腐肉中的虫子来自存于肉中的昆虫。这个观点后来被人们长期遗忘。

公元前 700 年以前

对排桨海船建造下水。

公元前 700—前 601 年

- 根据希罗多德的说法，萨摩斯岛的科莱奥斯是第一个越过海格力斯之柱（直布罗陀海峡）直达塔特索斯岛的希腊人。
- 在希腊，希俄斯岛的格劳克（Glauco）发明了铁的焊接技术。

约公元前 650 年前

三列桨战船建造。

约公元前 600 年

米利都的泰勒斯开始研究在埃及学的几何学。

约公元前 600—前 501 年

- 经络系统开始在希腊传播。
- 雅典首次使用新管子的供水系统。

约公元前 585 年

米利都的泰勒斯预测了一次日食。

约公元前 560 年

- 哲学家阿那克西曼德认为，物体是向地球而非下方坠落，地球本身没有坠落的理由，仍然悬浮在虚空中。

约公元前 530 年

毕达哥拉斯发现了音符之间的算术关系。

约公元前 500 年

- 萨摩斯岛长约 600 米、深 20 米的尤帕里内奥隧道建造。
- 米利都的赫卡泰乌斯在著作中提到了印度。
- 色诺芬研究了化石，提出了地球演化假设。
- 医生阿尔克米翁认识到感觉器官和大脑之间存在联系，并发现了咽鼓管。

约公元前 480 年

巴门尼德认为地球呈球形，并发现了月相的起源。

约公元前 450 年

- 恩培多克勒的著作中首次提及大气压。
- 埃利亚的芝诺探讨了无限的概念，并陈述了其著名的悖论。
- 阿那克萨戈拉解释了日食的起源，并肯定了人类对知识的探索。

约公元前 440 年

- 勒西普斯提出了原子理论。
- 希波克拉底彻底把医学从宗教中解脱出来。

约公元前 440—前 430 年

希波克拉底计算了月球的面积。

约公元前 435 年

希罗多德基于对（至少是部分）资料的分析，写下第一部历史著作。

约公元前 430 年

埃利斯的希皮亚斯引入了曲线概念，后来被称为希皮亚斯的正交，被用来解决角度的三分法和圆的正交。

约公元前 425 年

超大号的弩“腹弓”开始使用。

公元前 424 年

在围城战中使用喷火器械。

约公元前 420 年

德谟克里特发展了勒西普斯的原子理论。

约公元前 410 年

- 西奥多罗斯证明有些平方根是无理数。
- 叙拉古出现了用于射箭的弹射器。

公元前 387 年

柏拉图在雅典成立了他的学院。

约公元前 375 年

塔兰托的阿尔库塔斯研究了倍立方体问题，建立了第一个自动机，并将数学理论应用于音乐。他可能是第一个认识到声音的高低取决于振动的频率。

约公元前 370—前 360 年

– 奈得斯的欧多克索斯建立了一个由 27 个同心球组成的天文模型，借助该模型计算了太阳在黄道中的年度运动，月球的运动以及行星的逆行运动。

– 希塞塔斯认为地球是绕其自身轴旋转的。

约公元前 350 年

赫拉克利特坚持认为宇宙是无限的，地球绕轴自转，金星和水星围绕太阳旋转，其他行星仍然绕地球转动。

约公元前 335 年

亚里士多德定居雅典，创立了莱森学园。

公元前 334—前 324 年

亚历山大的军事行动远达印度；在此期间，各种动植物被送往亚里士多德的莱森学园。

约公元前 330—前 320 年

皮忒阿斯航行至极地，发现了一个他称之为图勒的土地。他发现了大西洋的巨大潮汐，并观察到在天极没有星星。

约公元前 330—前 310 年

– 泰奥弗拉斯托斯撰写了他的植物学和矿物学著作。

– 皮塔涅的阿塞西劳斯研究了球体的几何形状，并将其应用于固定恒星运动的描述。

约公元前 330 年

水下液压装置出现。

公元前 325—前 323 年

– 亚历山大海军上将尼阿库斯探索印度洋和波斯湾。

– 萨索斯的安德罗斯申尼斯曾陪同尼阿库斯进行探险，他在作品中阐述了印度海岸的自然特征，还描述了一些能移植的品种。

公元前 322 年

泰奥弗拉斯托斯成为莱森学园的院长。

约公元前 320 年

– 罗得岛的欧德莫斯著《算术史》《几何学史》和《天文学史》。

– 墨西拿的狄亚科斯首次确定地图的平行线。

约公元前 310 年

生于卡尔西顿的普洛萨格拉斯区分了动脉和静脉。

公元前 305 年

围攻罗得岛时，建筑师卡利亚斯建造了能够制衡敌方攻城机的机械。

公元前 300—前 290 年

– 伊壁鸠鲁提出了原子会有偏斜运动。

– 兰普萨科的斯特拉顿研究了许多物理现象，特别是演示了下降时的重力加速度。

公元前 290—前 280 年

解剖学家希罗菲勒斯发现了神经，区分了传感神经和运动神经，以及大脑，特别是小脑的功能。

公元前 280 年

– 欧几里得撰写了《几何原本》《光学》和其他作品。

– 亚历山大灯塔完工。

公元前 280—前 260 年

萨摩斯的阿里斯塔克斯提出了日心说：地球和行星围绕固定不动的太阳旋转。在著作《太阳和月球的大小与距离》，他开创了三角计算，导出了不等式。

约公元前 270—前 240 年

特西比乌斯研究了空气和各种金属合金的弹性，设计出几种投掷武器，并发明了泵和液压机械。

公元前 3 世纪

索尔斯的阿里斯托马科斯毕生致力研究蜜蜂。

约公元前 260—前 240 年

阿基米德发明了螺旋，撰写了《论浮体》一书（该书开创了流体力学科学），证明了杠杆定律，并设计了几种起重机。

约公元前 250—前 240 年

在雅典工作的克吕西普斯开创了命题逻辑。

公元前 245 年

卡利马科斯对亚历山大图书馆的所有书籍进行编目，并获得了一份希腊文学史的概要。

约公元前 240—前 230 年

在亚历山大，埃拉托色尼计算了地球的周长。

约公元前 240—前 220 年

阿基米德研究了无穷小，建造了天文馆，发展了光学科学，并设计了各种武器。

公元前 238 年

托勒密三世以《卡诺普斯法令》颁布了新的日历，其中每隔四年多一天，是 366 天而不是 365 天。

公元前 230 年

尼科梅德斯研究了圆锥曲线的特性。

约公元前 225—前 210 年

阿波罗尼乌斯著《圆锥曲线论》八卷。

约公元前 220—前 200 年

在亚历山大里亚工作的拜占庭的菲洛发展了气动学和机械学。他的大量作品被保存下来，其中描述了很多仪器、自动装置和武器装置。

公元前 2 世纪初

加里斯图的狄奥克莱斯写《乌斯托尔镜》。

约公元前 180—前 170 年

羊皮纸开始在帕加马使用。

约公元前 160—前 140 年

– 塞琉西亚的塞琉古斯研究潮汐，他认为宇宙是无限的，并找到了一种“证明”日心说的方法。

– 许普西克勒斯撰写了《论星的升起》，这是一本天文学和算术的书籍，可能是第一部采用巴比伦黄道十二宫 360 份等分的希腊著作。

约公元前 150—前 130 年

喜帕恰斯发现了岁差，并完成了第一张完整的 850 颗恒星图，使后来的天文学家能够验证“固定恒星”的运动。他还写了一本关于引力的著作，研究了太阳与行星之间的引力相互作用（来源于拉丁文著作传播的思想）。

约公元前 130 年

安提凯希拉机械装置构建。

约公元前 100—前 70 年

阿帕米亚的波西多尼乌斯撰写了许多作品，其中关于潮汐的文章，现代只保留了一些片段。

公元前 1 世纪上半叶

拉丁作家卢克莱修在《论自然》中揭示了伊壁鸠鲁学派的教义，特别是原子理论。

公元前 45 年

恺撒大帝颁布了 365.25 天的日历（每四年多一天），取代了托勒密三世在公元前 238 年颁行的日历，称为“儒略历”。

约公元前 40—前 30 年

维特鲁威撰写了《建筑十书》，该书传达了有关科学，尤其是希腊化技术的信息。

公元前 1 世纪末

斯特拉波根据他对希腊智者作品的研究发表

了他的著作《地理学》。

约 50—70 年

老普林尼撰写了《自然史》：一部主要基于希腊文献的不朽的百科全书。尽管作者对科学知识掌握程度不深，但书中仍然包含一些有价值的数据。

约 60 年

狄奥斯科里斯撰写了《药理》：一种主要用于药用植物的药理学著作，长期以来，它不仅是药理学的参考书，也是植物学的参考书。

约 70 年

亚历山大的赫伦撰写了大量关于科学和技术的著作。在气动和自动机领域，他主要介绍了希腊化技术的游戏装置。

约 90 年

格拉萨的毕达哥拉斯主义者尼科马霍斯撰写了《算术入门》：这是一部数学入门级著作，书中也探讨了数字的神秘含义。

约 100 年

普鲁塔克写了《月球的可见面》，这篇对话传达了许多有关希腊科学的重要信息。

约 110 年

亚历山大的科学家梅涅劳斯著《球面学》，这是关于球面几何（和三角学）的重要论文。

约 150 年

托勒密尝试在多个领域中恢复希腊化科学。他的主要作品是《天文学》《光学》和《地理学》。

约 160 年

萨摩萨塔的卢锡安写了第一个“科幻小说”故事，描述了外星人绑架、星战和月球旅行。

约 170 年

盖伦写了一系列有关解剖学、生理学和医学的作品，直到文艺复兴时期，它们仍是相应知识领域的奠基石。

约 250 年

亚历山大的丢番图著《算术》，使代数从几何中独立出来。

约 320 年

亚历山大的帕普斯对托勒密的《天文学大成》《大汇编》做过评述，他的《数学汇编》对我们而言是重要的资料来源。

约 390 年

亚历山大的席恩负责出版欧几里得的《几何原本》，他对作品进行了修改和一些补充，几乎所有的后续版本都将以此为基础。

约 400 年

希帕蒂娅对狄奥斯科里斯和阿波罗尼乌斯的作品撰写评论，她是亚历山大新柏拉图学派的第一位女数学家。

约 450 年

新柏拉图式的哲学家普罗克鲁斯写了一篇关于欧几里得《几何原本》第一册的评论，成为研究希腊数学的重要来源。

约 500 年

语法学家梅特罗多洛有 46 首和代数问题有关的短诗，收录在《帕拉丁文集》中。

约 517 年

拜占庭学者约翰·菲罗波努斯认为不同重量的物体在同一起点下落，它们会同时到达地面。

约 520 年之后

意大利学者波爱修斯翻译了亚里士多德的逻辑书和欧几里得的部分《几何原本》。

约 530 年

在对亚里士多德著作的评论中，西里西亚的辛普里修斯提供了有关希帕蒂娅在重力方面研究的信息。

图书在版编目（CIP）数据

古代科学史：失落的1000年 / (西) 乔治・贝加米诺，(西) 詹尼・帕利塔著；张亚卓译. -- 北京：北京理工大学出版社，2023.11

ISBN 978-7-5763-2500-3

Ⅰ. ①古… Ⅱ. ①乔… ②詹… ③张… Ⅲ. ①科学史-世界-普及读物 Ⅳ. ①G3-49

中国国家版本馆 CIP 数据核字（2023）第 113335 号

北京市版权局著作权合同登记号　图字：01-2020-3945

责任编辑：张文峰　顾学云　　文案编辑：顾学云
责任校对：周瑞红　　责任印制：李志强

出版发行 / 北京理工大学出版社有限责任公司
社　　址 / 北京市丰台区四合庄路6号
邮　　编 / 100070
电　　话 /（010）68944451（大众售后服务热线）
（010）68912824（大众售后服务热线）
网　　址 / http://www.bitpress.com.cn

版 印 次 / 2023 年 11 月第 1 版第 1 次印刷
印　　刷 / 雅迪云印（天津）科技有限公司
开　　本 / 889 mm × 1194 mm　1/16
印　　张 / 13
字　　数 / 174千字
定　　价 / 188.00元

图书出现印装质量问题，请拨打售后服务热线，本社负责调换